101 Dinge,
die ein Straßenbahn-Liebhaber wissen muss

Der Große Hechtwagen 1716 am Endpunkt Weinböhla im betriebsfähigen Zustand des Straßenbahnmuseums Dresden. Bild: DVB AG

Stefan Friesenegger

101 Dinge die ein Straßenbahn-Liebhaber wissen muss

Inhalt

Vorwort

Die Straßenbahn, der Zauber einer Stadt

Beschäftigt man sich nur ein bisschen mit der Straßenbahn, wird schnell deutlich, wie lang und vor allem spannend ihre Geschichte ist. Die erste Straßenbahn weltweit wird auf das Jahr 1832 datiert. Ihr folgten in unzähligen Städten von Pferden gezogene, dampfbetriebene, bis hin zu den elektrischen Straßenbahnen. Bald dehnten sich die Streckennetze aus. Auf ihre weitere Entwicklung nahmen der Zuwachs in den Städten, zwei Weltkriege und letztendlich die urbane Modernität Einfluss. Mit der Zunahme des Autoverkehrs in den Städten und dem Einsatz von U-Bahnen und Bussen gerieten Straßenbahnen immer mehr in Bedrängnis. Sie wurden als Hindernis angesehen und galten plötzlich als überholt und altbacken. Befürworter und Gegner brachten ihre Argumente hervor. Allem zum Trotz hat sich die gute alte Straßenbahn wacker gehalten und ihre Akzeptanz nimmt wieder deutlich zu. Heute wird sie erneut als Wert im modernen Stadtbild wahrgenommen. Eine Straßenbahn gibt mancherorts mehr Sicherheit als eine U-Bahn und der eine oder andere sehnt sich wieder nach der „guten alten Zeit“. Ein Umdenken ist zu spüren. Streckennetze werden wieder ausgebaut, aufgelassene Strecken reaktiviert und neue Abschnitte entstehen. Der Zauber Straßenbahn kehrt zurück und gehört wieder unverzichtbar zum Stadtbild. Mit diesem Buch lade ich Sie zu einer Fahrt durch die Geschichte, Technik, Fahrzeuge, Extreme aber auch Kuriositäten und Humoriges rund um die Straßenbahn ein.

Auf das Herzlichste bedanke ich mich bei den vielen Museen, Straßenbahnbetrieben und Straßenbahnliebhabern. Sie haben mich geduldig beraten und ihre wunderbaren Bilder für dieses Buchprojekt zur Verfügung gestellt!

Viel Freude mit diesem Buch,
Ihr Stefan Friesenegger

Das Für und Wider der Tram

Eine kritische Betrachtung

1

Beispiele gibt es unzählige. Entscheidet sich eine Stadt, neue Strecken ihrer öffentlichen Verkehrsmittel zu eröffnen oder bestehende zu erweitern, werden gerne Busse eingesetzt. Das ist einfach, benötigt doch ein Bus kein Schienenbett und keine Oberleitung. Auch können Busse beliebig ausweichen, da sie nicht schienengebunden sind. Sie produzieren schließlich die erforderliche Energie selbst. Das aber hat zur Folge, dass sie auch Schadstoff-Emissionen erzeugen. Nur ist das noch lange nicht alles.

Um öffentliche Nahverkehrsmittel untereinander vergleichbar machen zu können, müssen viele Kriterien in Betracht gezogen werden. Schadstoff-Ausstoß und Energieverbrauch in Verbindung mit den entstehenden Kosten stehen so gut wie immer an erster Stelle. Eine Straßenbahn wird in aller Regel mit Strom aus der Oberleitung versorgt, sie erzeugt also keine Abgase in der Stadt, anders als der dieselbetriebene Bus. Auch ist sein Rollwiderstand höher als der von Straßenbahnen. Feinstaub erzeugen aber beide Systeme.

Wer suchet, der findet

Durch den Abrieb der Stromabnehmer, der Bremsen oder der Stahlräder auf den Stahlschienen trägt auch eine Straßenbahn einen Teil dazu bei. Dazu kommen kostenintensive Gleisanlagen und Oberleitungen. Anwohner an Straßenbahnstrecken profitieren jedoch von ihrer deutlich geringeren Umweltverschmutzung, bemängeln hingegen oftmals die optische Störung eines Stadtbildes, besonders dann, wenn es sich um historisch wertvolle Gebäude handelt. In einigen Städten wurden dafür in speziellen Straßenzügen Oberleitungen sogar unterbrochen. Diese Streckenabschnitte müssen die Fahrzeuge dann im Akku-Betrieb überbrücken. Oberleitungen können auch zu Störungen besonders empfindlicher Geräte, zum Beispiel in wissenschaftlichen Einrichtungen, führen, selbst wenn sich diese hinter starken Mauern befinden. Vor allem aber werden Erschütterungen durch Straßenbahnen immer wieder als störend empfunden. Dies und die von Straßenbahnen erzeugten Rollgeräusche wirken sich teilweise sogar negativ auf Immobilienpreise aus. In manchen Fällen sind hier jedoch noch alte, nicht schallisolierte Gleisanlagen im Einsatz.

Bus oder Straßenbahn, wer hat die Nase vorn? Bild: DVB AG

Die Straßenbahn als Identifikation einer Stadt

Bei den Immobilienpreisen divergieren jedoch die Ergebnisse der Studien. Mancherorts steigen die Preise sogar, weil eine Straßenbahn als zukunftsweisend und umweltfreundlich wahrgenommen wird. Auch nimmt die Ansicht, eine Straßenbahn werte das Stadtleben auf, sie gehöre zu einem Stadtbild und trage zu einem erhöhten Sicherheitsgefühl bei, deutlich zu. Das gilt im Übrigen nicht nur für klassische Straßenbahnstädte. Dazu kommt, dass heute zahlreiche durch Straßenbahnen erzeugte Probleme beseitigt werden können. Hinsichtlich der Stromversorgung ist die Frage zu stellen, woher der Strom bezogen wird und welche Schadstoffe bei seiner Erzeugung entstehen. Letztendlich werden die Fahrzeuge der Verkehrsbetriebe auf ihre Umweltbilanz geprüft und können durchaus miteinander verglichen werden. Inzwischen wird von dem sogenannten Personenkilometer gesprochen. Im Vergleich Straßenbahn – Bus liegt die Straßenbahn beim Energieverbrauch im Verhältnis bei 1 : 1,2, bei der Erzeugung von Feinstaub bei 1 : 1,5 und bei den Treibhausgasen sogar mit 1 : 3,9 deutlich im Vorteil. Weitere Faktoren, die in eine solche Betrachtung einbezogen werden müssen, sind ihre Lebensdauer und der Fahrzeugpreis. Preislich betrachtet ist eine Straßenbahn teurer als ein Bus. Eine Straßenbahn kann in Abhängigkeit zur Pflege aber zwischen 40 und 50 Jahre ihren Dienst leisten, ein Bus im Höchstfall nur etwa zehn Jahre.

Die autogerechte Stadt?

2 Die Straßenbahn, das ungeliebte Wesen

Es gibt Vertreter der Ansicht, die Straßenbahn sei etwas Veraltetes. Sie passe nicht mehr in das moderne urbane Bild, mit dem sich eine Stadt meist autogerecht darstellt. Es mag Gründe geben, die für solche Aussagen sprechen. Städte wachsen, die Zahl der Zulassungen von Pkws steigt stetig an und der Platz wird immer enger. Wo soll da noch eine Straßenbahn hin?

Bereits zur Zeit des Wirtschaftswunders, als der motorisierte Individualverkehr immer mehr in den mobilen Vordergrund trat, geriet nicht nur die Eisenbahn, sondern auch die Straßenbahn in starke Bedrängnis. Lösungen wie etwa U-Bahnen waren willkommen. Jetzt war wieder mehr Platz auf der Straße. Doch Umweltschutz und die zunehmende Feinstaubbelastung veränderten die Sichtweise. Eingestellte Straßenbahnlinien, deren Fahrleitungsmasten und Gleise schon lange entfernt wurden, sollen nun wieder ins Leben gerufen werden. An unzähligen Stellen aber haben längst Straßen ihren Platz eingenommen.

Ein vernünftiges Miteinander

Die Flächeninanspruchnahme ist zu einem großen Problem geworden. Vergleicht man aber den Flächenverbrauch von Straßenbahn, Bus oder Kfz, so wird schnell deutlich, wer welchen Anspruch erhebt. Bei einer vernünftigen und modernen Streckenführung hat die Straßenbahn

Die Tram 25 nach Berg am Laim zwängt sich durch so manches Nadelöhr, wie hier in München-Haidhausen. Bild: Stefan Friesenegger

Zahlreiche Oberleitungen mit Masten können den einen oder anderen stören.
Bild: Stefan Friesenegger

gegenüber dem Pkw die Nase ganz klar vorn. Als optische Beeinträchtigung eines historischen Stadtbildes werden jedoch noch immer die Masten oder die an Häuserfassaden angebrachten Fahrleitungen empfunden.

Vorbeifahrende Straßenbahnen erzeugen Schwingungen, die sich über die Fahrleitung auf die Fassaden übertragen und dort unter Umständen Risse erzeugen.

Neue Technologien verändern die Welt der Tram

Um einen Straßenbahnbetrieb möglichst störungsfrei abzuwickeln, wird nach immer neuen Lösungen gesucht. Ein daraus entstandenes Ergebnis ist das sogenannte „Stuttgarter Modell", bei dem die Straßenbahn teilweise unter die Erde verlegt wird. Gegenüber der U-Bahn ist diese Stadtbahn eine verkehrs-, aber auch kostengünstige Lösung, die sich in weiteren Städten bereits als sehr erfolgreich erwiesen hat. Was das „Problem" der Oberleitungen anbelangt, wird seit einiger Zeit an alternativen Lösungen gearbeitet.

Wussten Sie schon?

In einigen Städten werden in historisch wertvollen Straßenzügen die Oberleitungen aus Gründen des Denkmalschutzes unterbrochen und diese Abschnitte im Batteriebetrieb überbrückt.

Es geht auch leise!

3

Lärm wird der Kampf angesagt

Um den Betrieb von Straßenbahnen leiser zu gestalten, muss einiges unternommen werden. Schienengebundene Fahrzeuge rollen in aller Regel mit Stahlrädern auf Stahlschienen. Hierbei entstehen die meisten Geräusche. Sind Schienen nicht entsprechend isoliert verlegt, so wird es laut. Zusätzlich entstehen durch Unebenheiten auf den Schienen Vibrationen, die sich unangenehm auf Fahrgäste, aber auch auf Anwohner auswirken.

Straßenbahngleise werden in Städten heute meist auf einem gegossenen Betonbett verlegt. Um Lärm und Erschütterungen zu reduzieren, wird ein sogenannter elastischer Oberbau mit Lagerung der Schienen auf einer Schwingungsisolierung eingesetzt. Diese Isolierung wird direkt zwischen Gleis und Betonbett verlegt. Aufgrund ihrer U-Form kann ein Verrutschen dauerhaft ausgeschlossen werden. Bei einer Gleisverlegung in einem Schotterbett können mit einer Unterschottermatte Schwingungen und damit Lärm reduziert werden.

Problem Wirtschaftlichkeit

Zur Reduzierung der erzeugten Frequenzen stehen zahlreiche, neu entwickelte und vielfältige Techniken zur Verfügung. Nach Prüfung des Einsatzortes und Abwägung der Wirtschaftlichkeit muss entschieden

Gleisbauarbeiten am Schottenring in Wien. Bevor das Gleis auf dem betonierten Bett befestigt wird, wird eine streifenförmige Lagerung angebracht. Bild: Manfred Helmer Fotos

Ein Rad des Type P-Triebwagens: Hier sind zur Reduzierung von Schall und Erschütterungen 20 Gummielemente eingesetzt. Exponat: MVG Museum, Bild: Stefan Friesenegger

werden, welche Bauart Verwendung findet. Neben der Isolierung am Fahrzeug selbst werden unterschiedliche Isolierungen im Unterschotterbau und den Lagerformen am Gleis eingesetzt.

Auch mit Schwellen aus Kunststoff oder in den Rasen eingebettete Schienen kann Schall reduziert werden. Schienen werden durch punktförmige, streifenförmige oder flächenförmige Lagerungen gedämmt. Sind im Gleisbau Schwellen unabdingbar, werden häufig sogenannte Schwellensohlen oder Einlegeplatten für Schwellenschuhe verbaut. Diese unterschiedlichen Lösungen sind durch die Zunahme der Fahrgeschwindigkeiten und unserer immer lauter werdenden Welt inzwischen unverzichtbar. Um Straßenbahnen weiterhin als attraktives Verkehrsmittel erfolgreich einzusetzen, müssen auch die Anwohner wirksam vor den Erschütterungen und dem Lärm geschützt werden. Letztlich nehmen diese Maßnahmen auch einen positiven Einfluss auf schwingungsbelastete Immobilien.

Wussten Sie schon?

In Rasen gebettete Schienen dämmen nicht nur den Schall, sie sind auch Wasserspeicher und bilden einen Lebensraum für Kleinlebewesen.

Aufgelassen und neu geplant

4 Stillgelegte Linien werden wiederbelebt

Es ist ein Beispiel von vielen: 1964 wird in München der letzte Bauabschnitt der Linie 8 eröffnet. Damit ist auch Fürstenried West an das Netz der Münchner Straßenbahn angebunden. Ein Großteil dieser Streckenführung ist in der Straße versenkt, einige Abschnitte sind als eigenständige Gleisstrecke ausgeführt. Auf diese Weise kann kreuzungsfrei die jeweilige, fahrzeugabhängige Höchstgeschwindigkeit gefahren werden.

Aber wie bei so vielen Straßenbahnstrecken ist bis auf einige Relikte nicht viel geblieben. In Teilen befinden sich die Strecken in einem erbarmungswürdigen Zustand. Lichtmasten zur Befestigung der Oberleitung hier, ein paar Fahrleitungsanker an Hausfassaden und weitere Gleisstücke andernorts sind noch zu finden. Einige Teilabschnitte dieser historischen Strecke wurden zwischenzeitlich zu Fahrradwegen umgebaut.

Gründe für das Hin und Her

Was aber führt zu den Entscheidungen, Straßenbahnstrecken einzustellen? Mit der Einführung der U-Bahn schien die Straßenbahn überholt. Nun wurde die Auffassung vertreten, Streckenteile dem Autoverkehr zu überlassen und der Moderne Platz zu machen. Politische Machtspiele, aber auch zahlreiche Straßenbahngegner förderten den Rückgang der Linien. Mit dem enormen Zuzug in die Ballungszentren gerieten aber

Einst die längste Straßenbahnstrecke Münchens. Der Bewuchs lässt erkennen, dass hier schon lange keine Tram mehr gefahren ist. Bild: Stefan Friesenegger

Es war einmal: Der P-Triebwagen Nr. 2007 der Linie 8.
Bild: Archiv der Freunde des Münchner Trambahnmuseums e.V.

auch U-Bahnen an ihre Grenzen. Selbst eine deutliche Takterhöhung brachte nicht den erhofften Erfolg. Einige Abschnitte wurden nun mit Bussen ergänzt. Deren Kapazität ist jedoch begrenzt, und vor allem ihr Schadstoffausstoß in den ohnehin von Feinstaub gebeutelten Großstädten verlangt nach Alternativen. Der Ausbau bestehender U-Bahnlinien ist zudem wesentlich teurer als der von Straßenbahnstrecken.

Gegenwärtig kommen wieder neue Strecken hinzu, bestehende werden verlängert. Eine damit einhergehende Umstellung nehmen die Fahrgäste kaum wahr. Die Entscheidung in diese Richtung wird übrigens von der Mehrheit der Bewohner befürwortet. Das gilt nicht nur für Deutschland, dieser Trend setzt sich glücklicherweise weltweit fort.

Wussten Sie schon?

Als „Wagen der Linie 8" von Weiß Ferdl, dem bayerischen Volkssänger Ferdinand Weisheitinger, besungen, erlangte diese Tram Berühmtheit. Die MVG benannte ihr Kundenmagazin würdevoll „Linie 8". Im November 1975 fuhr die letzte Tram dieser Linie.

Berg- und Talfahrt

5 Verwerfungen in den Straßenbahnschienen

Starke Temperaturschwankungen, eine mangelhafte Verlegung oder mechanische Einwirkungen wie etwa durch Fahrzeuge des Straßenverkehrs können Straßenbahnschienen ordentlich zusetzen. Vor allem in heißen Sommermonaten kann es zu Gleisverdrückungen, -verwerfungen oder -verschiebungen kommen. Zudem können durch die dynamischen Kräfte der Schienenfahrzeuge unbeabsichtigte Verformungen der Gleise entstehen.

Auch Schienen brauchen Pflege

Schienen müssen biegsam sein. Um die Tragfähigkeit und die Lagestabilität zu gewährleisten, muss der Oberbau, der aus Schwellen, Schienen und Bettung besteht, besondere Anforderungen erfüllen. Dazu gehört auch die Durchlässigkeit von Wasser beim Schotter. Das kann auf Dauer jedoch nur durch eine entsprechende und regelmässige Unterhaltung sicher gestellt werden. Ein Ausdehnen und Zusammenziehen der Schienen aufgrund von Temperaturunterschieden wird in der Regel vom Oberbau aufgenommen.

Jahrzehnte ohne Sanierung führen zu solchen Zuständen. Trotzdem fahren noch immer Straßenbahnen über diese Verwerfungshügel in Novosibirsk. Das ist jedoch nur mit Zweiachsern möglich. Bild: Christian Luecker

6

Straßenbahnschienen

Herstellung und Belastbarkeit

Auch die Schienen der Straßenbahn haben eine lange Entwicklungsgeschichte hinter sich. Ein Problem anfänglicher Straßenbahnschienen bestand darin, dass die Schienenköpfe aus der Fahrbahndecke herausragten und sie damit andere Verkehrsteilnehmer behinderten.

Formenvielfalt

In zahlreichen Herstellungsverfahren aus unterschiedlichen Legierungen entstanden die verschiedensten Schienenformen. Noch im ausgehenden 19. Jahrhundert kommt das sogenannte Walzverfahren zum Einsatz. Auf diese Weise werden Schienen besonders haltbar, da ein Faserverlauf entsteht und die Oberflächen verdichtet werden. Die Profilart, die Zugfestigkeit und die damit verbundene Belastbarkeit findet sich in Bezeichnungen wieder. Je nach Herstellerfirma ist diese in einem bestimmten Abstand als Walzzeichen auf den Schienenhälsen zu finden. Im Gegensatz zu den Eisenbahnschienen sind Straßenbahnschienen leichter. Durch diese Materialeinsparung sind sie günstiger und sie können den Temperaturunterschieden in ihrem Ausdehnungsverhalten besser folgen. Von den Straßenbahnbetrieben werden heute meist sogenannte S-41-Profile verbaut.

Die Standardprofile der Rillen- und Vignolschienen im Querschnitt. Bild: Stefan Friesenegger

Die Gleise der Straßenbahn

Auf unterschiedlichen Schienen ans Ziel

7

Alle schienengebundenen Fahrzeuge benötigen sie, so auch die Straßenbahn. Ihre Schienen und deren Untergrund unterscheiden sich allerdings von denen der Eisenbahn in ihrer Beschaffenheit. Straßenbahnen können auch auf unterschiedlichen Spurweiten zu Hause sein.

Da Trambahnen oftmals Straßen queren oder sich gänzlich in deren Bereich bewegen, unterliegen sie zwangsläufig einem Kompromiss. Die Straße soll möglichst von Autos wie auch von Straßenbahnen störungsfrei genutzt werden können. Daher muss die Asphaltschicht eben und vor allem bündig mit den Schienen sein. Damit noch Platz für den Spurkranz bleibt, werden in diesem Bereich sogenannte Rillenschienen verwendet. Sie haben den Nachteil, dass sie sich mit Schmutz oder mit für den Schienenverkehr gefährdenden Gegenständen füllen können und müssen daher regelmässig gereinigt werden.

Für Gleisanlagen in eigenständigen Streckenabschnitten werden Vignolschienen bevorzugt. Sie sind im Aufbau einfacher und daher bei der Verlegung, aber auch in der Unterhaltung kostengünstiger. Vignolschienen liegen wie bei der Eisenbahn in einem Schotterbett und besitzen Schwellen aus Holz oder Beton, im manchen Fällen auch aus Eisen oder Kunststoff. Rillenschienen, aber auch Vignolschienen können, sofern sie vom Straßenverkehr getrennt angelegt sind, in einen Rasen gebettet sein.

Damit Platz für den Spurkranz bleibt, werden bei asphaltierten Schienen Rillenschienen verwendet. Bild: Stefan Friesenegger

Für in den Rasen gebettete Gleise können sowohl Rillenschienen als auch Vignolschienen verwendet werden. Bild: DVB AG

Die Instandsetzung der Schienen

Vor allem an den Schienenoberflächen entstehen mit der Zeit zahlreiche Beschädigungen wie etwa Eindrückungen, Ermüdungsrisse und unregelmässig abgefahrene Stellen. Das Schleudern der Straßenbahnen sowie ein häufiges Befahren führen zu gefährlichen Abplattungen am Schienenkopf. Wird hier nicht regelmässig sachgemäß eingegriffen, muss dieser Schienenstrang ausgetauscht werden. Um Störungen im Straßenbahn-, aber auch im Autoverkehr und vor allem die enormen Kosten eines Austausches von Straßenbahnschienen zu vermeiden, muss die Liegedauer der Schienen erhöht werden. Dabei geht es auch um einen besseren Fahrkomfort und die Reduzierung der Lärmemission. Die Instandsetzung sieht ein Abschleifen der Schienenoberflächen vor, bei dem jedoch zahlreiche Parameter zu berücksichtigen sind. Es darf weder zu viel noch zu wenig abgeschliffen werden. Auch die Schleifgeschwindigkeit und die Fahrgeschwindigkeit des Schleifwagens sind zu beachten. Dabei spielt die beim Schleifvorgang erzeugte Wärme ebenso eine Rolle wie die Qualität der geschliffenen Oberfläche, also deren Rautiefe.

Wussten Sie schon?

Das Institut Werkzeugmaschinen und Fabrikbetrieb (IWF) der Technischen Universität Berlin befasst sich intensiv mit der Optimierung innovativer Schleifprozesse und deren Auswirkungen.

Spurweiten

Der Unterschied macht's

8

Der Abstand zwischen den Innenkanten der Schienen wird als Spurweite bezeichnet. Er ist weltweit geregelt. Bei etwa 75 Prozent aller Länder der Erde benutzen Eisenbahnen die Normalspur mit einer Spurweite von 1.435 mm. Gründe dafür gibt es viele, auch für Straßenbahnen. Beim Bau einer schmalspurigen Streckenführung muss vor allem weniger Material eingesetzt werden. Das ist eine der Ursachen, warum zahlreiche Straßenbahnen in Deutschland auf einer Spurweite von 1.000 mm im Einsatz sind. Auch wurden Straßenbahnen mit ihrer Spurweite an die der Eisenbahnen angepasst, um im Bedarfsfall einen Anschluss an das Netz zu ermöglichen.

In Stuttgart begann der Straßenbahnbetrieb mit einer Spurweite von 1.000 mm. Später wurde auf die Normalspur umgespurt. Um die historischen Fahrzeuge in Stuttgart weiterhin betreiben zu können, sind auf einigen Strecken Stuttgarts drei Schienen verlegt. Die Fahreigenschaften auf normalspurigen Schienen gelten als deutlich besser.

Übliche Spurweiten und „Abweichler"

Die geläufigsten Spurweiten deutscher Straßenbahnen liegen bei 1.000 und 1.435 mm. Darüber hinaus sind in Deutschland auch 1.100, 1.440, 1.450 und 1.458 mm zu finden. Spurweiten von 600 mm, wie zum Beispiel bei der historischen Stuttgarter Kinderstraßenbahn und einigen anderen, bilden eine Ausnahme.

An der Haltestelle Mineralbäder in Stuttgart trennen sich die Strecken. Für Sonderfahrten wurde die dritte Schiene erhalten. Auch im linken Strang lag zum Zeitpunkt der Aufnahme noch ein Rest Meterspur.

Der GT4 Nr. 451 befindet sich an der Haltestelle Friedrichswahl, der Grenze zwischen den Stuttgarter Stadtbezirken Feuerbach und Zuffenhausen auf seiner Meterspur. Bilder auf den Seiten 20/21: Stuttgarter Historische Straßenbahnen e.V.

Deutschlands Spurweiten im Vergleich

1.000 mm Augsburg, Bad Schandau, Bielefeld, Bochum, Brandenburg/Havel, Cottbus, Darmstadt, Erfurt, Essen, Flensburg, Frankfurt/Oder, Freiburg, Gelsenkirchen, Gera, Görlitz, Gotha, Halberstadt, Halle/Saale, Heidelberg, Jena, Krefeld, Ludwigshafen, Mainz, Mannheim, Mühlheim/Ruhr, Naumburg, Nordhausen, Oberhausen, Plauen, Schöneiche, Stuttgart, Ulm, Weinheim, Würzburg, Zwickau

1.100 mm Braunschweig

1.435 mm Berlin, Bonn, Bremen, Chemnitz, Dessau, Dortmund, Düsseldorf, Duisburg, Dresden, Essen, Frankfurt/Main, Gießen, Hamburg, Hannover, Karlsruhe, Kassel, Köln, Krefeld, Leipzig, Magdeburg, Mühlheim/Ruhr, Nürnberg, Potsdam, Rostock, Schwerin, Stuttgart, Woltersdorf, Wuppertal

1.440 mm München

1.450 mm Dresden

1.458 mm Leipzig

Doppelnennungen weisen auf einen anfänglichen Betrieb in der einen und die Umspurung auf eine andere Spurweite hin.

Streckennetze einst und heute

9

Schienenkilometer im Spiegel der Zeit

Erste Streckennetze bestanden meist nur aus wenigen Kilometern. Doch die Straßenbahnen konnten einen unschlagbaren Erfolg einfahren. Über die Jahre weiteten sich die Streckennetze aus und erreichten etwa in den 1930er-Jahren ihre größte Ausdehnung. Die Zerstörung im Krieg und die kriegsbedingte Materialknappheit ließ die Strecken schrumpfen. In der Zeit des Wirtschaftswunders dehnten sie sich nochmals aus. Mit dem Aufkommen alternativer Verkehrsmittel wie U- und S-Bahnen ist aber ein eklatanter Rückgang zu verzeichnen.

Das Münchner Straßenbahnnetz in Zahlen

Am Beispiel der Münchner Straßenbahn zeigt sich, wie sich die Ausweitung und der Rückgang des Netzes in Zahlen darstellen. Die Zeitreise beginnt mit der Eröffnungsfahrt im Jahr 1876. Hier beträgt die Gesamtlänge der Strecke etwa 5.000 Meter.

Jahr	Streckenlänge in Meter	Gesellschaft
1878	10.380	Münchener Tramway E. Otlet
1882	12.559	
1886	27.779	Münchner Trambahn AG (MTAG)
1901	53.610	
1906	101.315	
1914	158.086	Städtische Straßenbahnen
1916	129.455	
1926	161.146	
1936	239.105	Münchner Stadtwerke
1946	124.953	
1951	184.648	Verkehrsbetriebe der Münchner Stadtwerke
1956	212.957	
2016	79.000*	*gerundet, 13 Linien

Zum Münchner Gesamtstreckennetz trägt das Netz der Münchner Straßenbahn aktuell 82 Kilometer bei. Das Münchner U-Bahnnetz hat eine Länge von 95 Kilometer und das Busnetz eine Länge von 534 Kilometer.

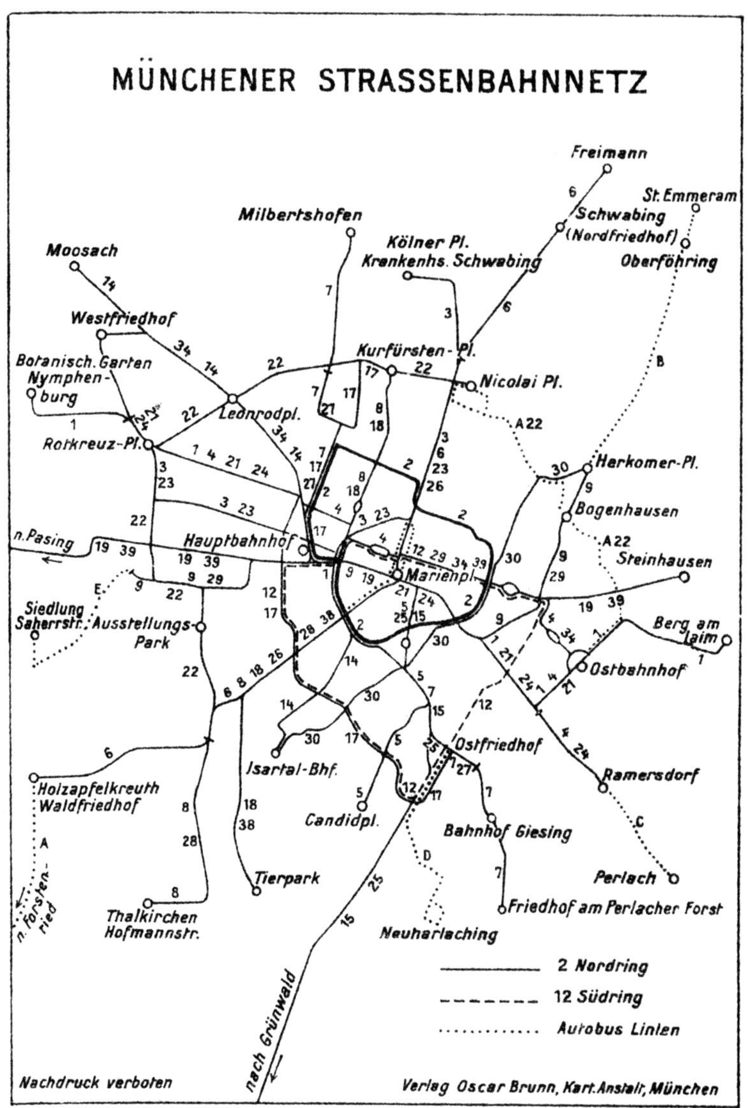

Ein offiziell veröffentlichter Linienplan von 1936. Hier zeigt sich die große Streckenausdehnung der Städtischen Straßenbahnen in München. Bild: Archiv der Freunde des Münchner Trambahnmuseums e.V.

100 Jahre Ampel

10

Das „mächtigste Licht der Welt"

Da Straßenbahnen in aller Regel in den Verkehrsfluss öffentlicher Straßen eingebunden sind, besteht auch für sie eine Bindung an die Ampeln des Straßenverkehrs. Auf dem Potsdamer Platz in Berlin installierte Siemens im Jahr 1924 die erste Verkehrsampelschaltung. Durch diese teilweise automatisch arbeitende Anlage konnten einige Polizisten an der komplexen Kreuzung eingespart werden. Bedient wurde sie aber dennoch regelmässig von einem Polizisten. Die historische Ampel steht noch immer am Potsdamer Platz in Berlin, regelt jedoch heute den Verkehr nicht mehr.

Schnellere Straßenbahnen durch innovative Ampeln

Unzählige Versuche wurden unternommen, mit innovativen Ampelschaltungen den Verkehrsfluss von Autos und Straßenbahnen flüssiger zu gestalten. Dem Wunsch einer nicht enden wollenden grünen Welle folgend, sollen moderne Ampelsysteme so geschaltet werden, dass bestenfalls das Warten an der Kreuzung für Autos und Straßenbahnen entfällt. Tests haben ergeben, dass damit vor allem Energie gespart werden kann und Straßenbahnen pünktlicher ankommen. Die Beeinflussung der Schnelligkeit ist hier nur bedingt relevant, da die Zeiten der Fahrpläne eingehalten werden müssen.

Ampeln kommunizieren mit Straßenbahnfahrern

In der Vergangenheit wurden Ampelschaltungen in erster Linie für Autos „beschleunigt". Gemäß zahlreicher Statistiken kamen zeitweise Autos und damit auch Busse schneller im Stadtverkehr voran als Straßenbahnen: einer der Gründe, weshalb in vielen Städten Straßenbahnen von der Bildfläche verschwanden? Das soll aber anders werden. Auf zahlreichen Teststrecken werden neue Ampelanlagen getestet und bereits aktiv eingesetzt. Die Verkehrsleitsysteme der Stadt werden mit denen der Verkehrsbetriebe verknüpft. Ampelanlagen messen, auf welchen Straßen wie viele Autos unterwegs sind und wo sich ein Stau bildet. Die ermittelten Daten laufen auf Rechnern zusammen. Die Ampeln teilen nun dem Straßenbahnfahrer mit, wie er in seinem Zeitplan liegt, wie lange er noch an der jeweiligen Haltestelle warten soll oder mit welcher Geschwindigkeit er die nächste Kreuzung bei grün, also in seinem Fall das Signal „Fahrt freige-

1924 installierte Siemens auf dem Potsdamer Platz in Berlin die erste Verkehrsampelschaltung in Deutschland, Foto etwa Mitte der 1930er-Jahre. Bild: siemens.com/presse

geben", erreichen kann. Ein unnötiges Warten zwischen den Haltestellen soll damit entfallen. Wesentlich dabei ist, dass die gemessenen Daten die Ampelschaltungen beeinflussen. Zusätzlich sollen Doppelhaltestellen den Verkehrsfluss unterstützen.

Wettbewerbsvorteil durch attraktiven Nahverkehr

Steigt der Nahverkehr in seiner Attraktivität, könnten mehr Menschen dazu verleitet werden, umzusteigen. Je mehr Autofahrer zu Fahrgästen öffentlicher Verkehrsmittel werden, desto mehr entlasten sie die Straßen und Staus werden reduziert. Dazu muss jedoch der tatsächliche Vorteil einer Straßenbahn gegenüber dem Auto sichtbar werden, damit ein Umsteigen auch wirklich stattfindet. Dies geht allerdings nur mit innovativen Lösungen wie einer mitdenkenden Ampel, deren Detektoren entscheiden, wann und vor allem wer für wie lange Grün bekommt. Bisherige Ampeln haben ein programmiertes und damit starres Programm für Grün- und Rotphasen. In jedem Fall ist dies ein guter Schritt in die richtige Richtung!

Dieses Zeichen ist wohl bei jedem Straßenbahnfahrer und Fahrgast das beliebteste: „Fahrt freigegeben".

Wussten Sie schon?
Ab 1926 waren per Gesetz Ampeln mit den Handzeichen der Verkehrspolizisten gleichgestellt.

Entwicklung und Serienreife

Viele Schritte führen zum Erfolg

11

Werden moderne Straßenbahnen entwickelt, sind andere Gesichtspunkte ausschlaggebend als das noch vor über einhundert Jahren der Fall war. Zu dieser Zeit steckten Stromabnehmer, Getriebe oder Motoren der Straßenbahnen noch in den Kinderschuhen. Heute stehen Sicherheit, Komfort, vor allem aber der Energieverbrauch an erster Stelle.

Eventuelle Auswirkungen auf den Klimawandel werden bei der Entwicklung einer Straßenbahn berücksichtigt. Das gilt nicht nur für den Verbrauch ihrer Fahrmotoren oder der Klimaanlagen, es beginnt schon beim Bau selbst. Dafür stehen moderne Mittel wie etwa ein Klima-Wind-Kanal mit seinen zahlreichen Messeinrichtungen für Temperatur, Zuluft-Messungen im Wagen und an den Klimaanlagen, Windgeschwindigkeit und vieles mehr zur Verfügung.

Produktreife beim Kunden?

Auch Laboratorien werden konsultiert. Hier wird beispielsweise die UV-Einwirkung auf Klebestellen oder Lacke geprüft und damit die Lebensdauer ermittelt. So kann der Prototyp einer Straßenbahn unter realen Bedingungen getestet, eventuelle Schwachstellen festgestellt und Gegcnmaßnahmen ergriffen werden. Selbst die Feuchtigkeitsabgabe der

Eine 100-Prozent-Niederflur-Straßenbahn des Typs Avenio wird auf der InnoTrans 2012 erstmals als 1 : 1-Modell der Straßenbahn für Den Haag gezeigt. Bild: siemens.com/presse

Die Straßenbahn wird in der Klimakammer getestet. Ihr darf auch Frost nichts anhaben.
Bild: siemens.com/presse

Fahrgäste wird hier simuliert. Damit wird weitestgehend sichergestellt, dass das Produkt nicht erst beim Kunden reift. Bei einer Wagenlänge von 35 Metern und deutlich mehr sowie einer Fahrgastzahl von bis zu 240 Personen ist das eine gewaltige Herausforderung.

Wird eine neue Straßenbahn der Fachpresse vorgestellt, steht oftmals nur ein 1:1-Modell zur Verfügung. Das Produkt selbst ist in den seltensten Fällen zu diesem Zeitpunkt fertig und könnte noch gar nicht ausgeliefert werden. Informationen zu den Neuigkeiten dringen häufig schon vor den Messen an die Öffentlichkeit. Dort aber werden Verträge geschlossen. Als weltweit erste Stadt hatte sich Den Haag für den Kauf von 40 vierteiligen 100-Prozent-Niederflur-Straßenbahnen vom Typ Avenio entschieden. Produziert wurde der Avenio im Siemens-Werk in Wien. Das Auftragsvolumen lag bei über 100 Millionen Euro.

Fangkörbe als Lebensretter?

12

Einfache Mittel, um Gefahren zu begegnen

Mit der Betriebsaufnahme erster elektrisch betriebener Straßenbahnen traten vermehrt Unfälle mit Fußgängern auf. Das war sicher darauf zurück zu führen, dass Triebwagen dieser Bauart wesentlich leiser und schneller waren als Pferde- oder Dampfstraßenbahnen. Unfälle mit Straßenbahnen endeten in aller Regel mit schlimmen Verletzungen und nicht selten mit dem Tod.

Die hohe Bauart dieser Straßenbahnwagen bot schließlich keinerlei Schutz vor den Rädern. Um dem vorzubeugen, wurden Sicherheitseinrichtungen in unterschiedlicher Form konstruiert. Ob Räumschilder, Räumkörbe oder Fangkörbe, sie alle sollten vor die Straßenbahn geratene Lebewesen retten. Der Fangkorb hat sich durchgesetzt. Erst seit 1987 wird er in der BOStrab nicht mehr ausdrücklich vorgeschrieben. Heute kommen nur noch Schienenräumer zum Einsatz, die vor allem Gegenstände von der Schiene räumen und damit ein Entgleisen verhindern sollen.

Auch Sicherheitseinrichtungen bergen Gefahren

Damit Sicherheitseinrichtungen wie Fangkörbe zuverlässig ihren Dienst leisten, mussten zahlreiche konstruktive Hürden überwunden werden. Der Fangkorb wird seiner Aufgabe nur gerecht, wenn er sich mit seiner vorderen Kante so nah wie möglich auf dem Boden befindet. Das aber würde die Abnutzung erhöhen und er könnte sich an

Auch der Rahmen um die Achsen stellte eine gewisse Sicherheitseinrichtung dar. Allerdings splitterte das Holz beim Aufprall häufig und verfehlte damit seinen Sinn. Exponat: MVG Museum, Bild: Stefan Friesenegger

Der Fangkorb eines Museumsfahrzeuges. Exponat: MVG Museum, Bild: Stefan Friesenegger

Weichen oder an unebenen Straßenbelägen verhaken. Schlimmstenfalls konnte es zum Abriss des Fangkorbes oder gar zu einer Entgleisung der Straßenbahn führen.

Die Funktionsweise des Fangkorbes

Im Normalfall ist der Fangkorb unter dem Fahrzeugboden arretiert. Teilweise wurde angenommen, dass der Fangkorb durch eine Notbremsung des Fahrers ausgelöst würde. Richtig ist hingegen, dass eine Tastleiste an der Fahrzeugfront bei Berührung, also dem Anfahren von Lebewesen oder Gegenständen, den Fangkorb auslöst. Dann fällt er auf die Schienen herab und soll beispielsweise einen Menschen auffangen und damit das Überfahren ausschließen. Bei starkem Schneefall kam es vor, dass sich vor der Tastleiste so viel Schnee staute, dass der Fangkorb permanent ausgelöst wurde. Dann musste der Fahrer den Korb in seiner oberen Stellung fixieren, damit erfüllte er natürlich seinen Zweck nicht mehr.

Wussten Sie schon?

Überlieferungen zufolge sollen Menschenleben durch diese Fangkörbe gerettet worden sein. Das waren jedoch eher Ausnahmen.

Sitze in der Straßenbahn

13

Von der Holzbank auf den Designerstuhl

Als Begrifflichkeiten wie „Gewichtsoptimierung", „Entlastung der Wirbelsäule" oder „Design" noch gänzlich unbekannt waren, standen den Fahrgästen in Straßenbahnen ausschließlich Holzbänke zur Verfügung. Ausschlaggebend für erste Veränderungen im Wageninneren waren nicht die Bequemlichkeit oder gar das Thema Sicherheit, sondern der Fahrgastfluss. Auch die Anzahl der Plätze machte den Ingenieuren zu schaffen. Problematisch ist dabei das Verhältnis von Türen zu Steh- und Sitzplätzen.

Aus anfänglichen Sitzbänken wurden Einzel- und Doppelsitze, die Anordnung in und entgegen der Fahrtrichtung etablierte sich. Tischchen an den Plätzen wurden bald aufgegeben, da sie zu viel Platz einnahmen und nur selten benutzt wurden. Auch umklappbare Sitze hielten sich nicht sehr lange. Vereinzelt werden heute wieder Klappsitze in den Wagen angeboten. Sie sind eine Alternative zu einer Abstellmöglichkeit im begrenzten Raum einer Straßenbahn. Mit der starken Zunahme der Fahrgastzahlen haben Straßenbahnen in ihrem Platzangebot enorme Anpassungen vollzogen.

Holzklasse: Frühe Sitzbänke des A 2.2-Wagen Nummer 256 mit einer Anordnung in Längsrichtung. Exponat: MVG Museum, Bild: Stefan Friesenegger

Die Sitze dieser Niederflur-Straßenbahn sind ergonomisch geformt und bieten Haltegriffe. Bild: siemens.com/presse

Die Verfolgung neuer Kriterien

Straßenbahnen nahmen neue Dimensionen an, die Gestaltung der Sitze veränderte sich. Sicherheit und Energieverbrauch stehen jetzt für Gesetzgeber und Ingenieure an erster Stelle. Die Materialien der Sitzschalen müssen bruchfest, die Bezüge feuerhemmend sein und sie dürfen keine gesundheitsschädlichen Stoffe enthalten. Auch die Durchlässigkeit von Wasserdampf bei den textilen Oberflächen wird getestet und festgelegt. Mit der Zunahme des Vandalismus in öffentlichen Verkehrsmitteln sind neue Materialien gerade im Bereich der Rückenlehnen und der Sitzoberflächen gefragt. Dabei spielt auch die Schnittfestigkeit des Gewebes eine wesentliche Rolle.

Oftmals müssen Polster oder der ganze Sitz ausgetauscht werden. Dann ist die dafür erforderliche Zeit von großer Bedeutung. Letztendlich kommt das Gewicht der Sitze für den Energieaufwand zum Tragen. Eine moderne Niedrigenergie-Straßenbahn muss alle diese Ansprüche erfüllen. 168 Steh- und 70 Sitzplätze finden Fahrgäste beispielsweise in den neuen Avenio-Triebzügen in Den Haag vor. Um den Raum optimal zu nutzen und einen raschen Fahrgastwechsel an den Haltestellen zu unterstützen, sind die Eingangsbereiche bewusst mit weniger Sitzplätzen ausgestattet. Sie bieten zusätzlichen Platz für Kinderwagen und Rollstühle.

Führerstand oder Cockpit?

Vom Stehpult zum Komfortarbeitsplatz

14

Der Begriff „Führerstand“ hatte vor allem in den frühen Jahren Gültigkeit, in denen der Führer einer Straßenbahn – und das galt auch für die Eisenbahn – den Fahrdienst im Stehen verrichten musste. Bei der Anordnung der für den Betrieb dieser Fahrzeuge erforderlichen Bedienelemente wäre ein Sitz auch eher hinderlich gewesen. Die Erreichbarkeit der Hebel und der Kraftaufwand zur Bedienung haben den Fahrzeugführer ohnehin gezwungen, aufzustehen.

Aus der Zeit der Kutschen übernommen, befand sich der Arbeitsplatz der Fahrzeugführer zunächst grundsätzlich im Freien. Damit war er natürlich allen Witterungsverhältnissen ohne Schutz ausgeliefert. Vor allem mit der Zunahme der Geschwindigkeiten bekamen die Fahrzeuge Überdachungen, später einen Windschutz. In der Folge entwickelte sich daraus die Windschutzscheibe und bald ein geschlossenes Führerhaus. Dennoch mussten die Fahrzeugführer bei ihrer Arbeit stehen. Man vertrat die Ansicht, dass die Wachsamkeit so gewahrt bliebe. Das war bis etwa in die Mitte der 1950er-Jahre der Fall.

Der wunderschön restaurierte Führer-„Stand“ des A 2.2-Wagen Nummer 256.
Exponat: MVG Museum, Bild: Stefan Friesenegger

Modern und ergonomisch durchdacht: Der Führerstand modernster Straßenbahnen. Bild: siemens.com/presse

Die Einführung der Fahrersitze in den Straßenbahnen

Auch mit der Einführung der Sitze im Führerstand waren die Fahrzeugführer noch lange nicht vom Fahrzeugraum getrennt. Neben dem Ansprechen kam zuweilen auch Anfassen, im schlimmsten Fall sogar ein Anrempeln vor. Erst später wurde der Führerstand vom Fahrgastraum abgetrennt und ist heute meist vollständig durch eine Trennwand und eine Tür geschlossen. Dem Fahrgast bleibt je nach Straßenbahntype noch ein kleiner Ausblick auf den Streckenverlauf gewährt.

Moderne Führerstände wirken mehr wie ein Cockpit. Viele Dinge, über die sich in den Anfangstagen der Straßenbahnen niemand Gedanken machte, spielen heute eine wesentliche Rolle. Dazu zählen die Erreichbarkeit der einzelnen Bedienungselemente sowie ein bequemer Sitz, der mit zahlreichen Einstellmöglichkeiten zu einer ausgesprochen komfortablen Arbeitsbedingung für den Fahrer beiträgt. Der Führerraum bei modernen Fahrzeugen ist klimatisiert. Die Fahrpulte sind inzwischen mit übersichtlichen Bedientafeln und mit einem großen Display ausgestattet. Auch die Belastung des Fahrers durch den Verkehrslärm wird heute berücksichtigt. Messergebnisse in Führerständen haben Werte von über 80 DIN-Phon im Spitzenbereich ergeben!

Stromabnehmer im Wandel

Das Ziel: leichter, sicherer und kleiner

15

Erste elektrisch betriebene Straßenbahnen erhielten ihren Fahrstrom noch aus den Schienen. Das birgt zahlreiche technische Probleme und ist zudem gefährlich. Mit der Entwicklung der Oberleitung konnte die elektrische Energie aus dem Fahrleitungsdraht über Stromabnehmer in die Straßenbahn geleitet werden. Mit der Zeit haben sich die Stromabnehmer stark verändert. Gründe dafür waren vor allem die Zunahme der Geschwindigkeiten, eine Gewichtseinsparung und die Verbesserung des Kontaktes zum Fahrdraht.

Lang hielten sich Stangenstromabnehmer. Am Ende eines Hartholzstabes befindet sich eine Rolle, die während der Fahrt am Fahrdraht entlang läuft und den Strom ableitet. Die Betriebssicherheit dieser Stangenstromabnehmer ist jedoch wesentlich geringer als bei den späteren Stromabnehmern. Vor allem war der Oberleitungsbau sehr aufwendig, im Speziellen die Weichen bei Abzweigungen. Ihr größtes Problem aber ist der häufige Verlust des Kontaktes zum Fahrdraht. Um 1890 entwickelte Siemens den Lyra-Schleifbügel. Er bildet die Basis für alle späteren Scherenstromabnehmer. Die Aufnahme des Fahrstroms erfolgt hier bereits über ein Schleifstück. Lyra-Schleifbügel sind heute nahezu nur noch bei Museumstriebwagen, sehr selten auch bei alten Arbeitsfahrzeugen zu sehen.

Moderne Einholmstromabnehmer sind leichter und benötigen wesentlich weniger Platz. Sie reagieren vor allem schnell auf Veränderungen der Fahrdrahthöhe. Mancherorts werden sie auch als Halbscherenstromabnehmer bezeichnet.

Der hier abgehängte Stangenstromabnehmer wird auch „Trolley" genannt. Die Messingrolle am Hartholzstab läuft am Fahrdraht entlang und entnimmt so den Strom. Exponat: Historisches Straßenbahndepot St. Peter, Bild: Stefan Friesenegger

Scherenstromabnehmer sind heute nahezu vollständig abgelöst.
Exponat: Stuttgarter Historische Straßenbahnen e.V., Bild: Stefan Friesenegger

Einholmstromabnehmer haben sich bewährt. Sie werden bei allen modernen Straßenbahnen und Eisenbahnen eingesetzt. Bild: Stefan Friesenegger

Die Kupplungen der Tram

16

Große Unterschiede zur Eisenbahn

Bei der Eisenbahn werden Kupplungen großen, aber auch unterschiedlichen Belastungen ausgesetzt. Um diesen Anforderungen zu genügen, sind sie schwer und sehr massiv. Es gibt dabei durchaus unterschiedliche Bauarten. Der größte Unterschied besteht aber zu den Kupplungen der Straßenbahnen.

Da Straßenbahnen keine Puffer besitzen, übernehmen ihre Kupplungen deren Funktion und fangen damit Druck- und Zugkräfte auf. Daher werden sie auch Mittelpuffer-Kupplungen genannt. Über die Jahre entwickelten sich technisch unterschiedliche Formen. Kupplungen wie etwa die Trompeten- oder die Albertkupplung sind rein mechanische Verbindungen. Für manche Straßenbahnkupplungen sind sogar Werkzeuge erforderlich, um sie zu trennen oder zu kuppeln. Manuelle Kupplungen finden heute meist nur noch an historischen Fahrzeugen und in manchen Fällen als Hilfskupplung Verwendung.

Moderne Fahrzeuge werden ferngesteuert gekuppelt

An modernen Fahrzeugen kommen automatische Mittelpufferkupplungen zum Einsatz. Damit entfällt das Risiko eines Unfalls, vor allem aber der Arbeitsaufwand und der Schmutz. Der Straßenbahnfahrer muss seinen Führerstand dazu heute nicht mehr verlassen. Neben der mechanischen Verbindung werden auch die Druckluft- und die elektrischen

Triebwagen und Beiwagen sind mit einer Trompetenkupplung fest verbunden. Ihre Kraft ist ausreichend. Exponat: MVG Museum, Bild: Stefan Friesenegger

Eine halbautomatische Mittelpufferkupplung am M-Triebwagen und m-Beiwagen. Exponat: MVG Museum, Bild: Stefan Friesenegger

Leitungen ferngesteuert verbunden. Häufig wird bei Straßenbahnen eine einfache Form der Scharfenbergkupplung eingesetzt. Sie ist den Kupplungen von S-Bahnen oder dem ICE ähnlich.

Trotz Verbot in den Tod geklettert

Das Übersteigen von Kupplung zwischen Triebwagen und Anhänger ist grundsätzlich verboten. Leider kommt es immer wieder vor und führt hin und wieder zu tödlichen Unfällen. Straßenbahnfahrer können eine Person zwischen ihren Fahrzeugen nicht sehen. Piktogramme sollen auf das hohe Risiko hinweisen. An einer Entwicklung von baulichen Maßnahmen, die das Übersteigen verhindern sollen, wird gearbeitet. Bei modernen Triebzügen entfällt dieses Risiko, da sie mit einer Länge von über 35 Metern nicht mehr mit Beiwagen gekuppelt werden.

Wussten Sie schon?

Um Fahrzeuge mit unterschiedlichen Kupplungsarten miteinander kuppeln zu können, wurden schon früh spezielle Kupplungsadapter entwickelt. Eine mechanische Trennung der Kupplung war mit einer eigens konstruierten Stange auch vom Führerstand aus möglich.

Bremsen mit Assistenzsystem

Erhöhte Sicherheit im Straßenbahnbetrieb

17

Was bei der Eisenbahn üblich ist, gilt auch für die Straßenbahn. Sie besitzt daher mindestens zwei unabhängig voneinander arbeitende Bremssysteme, von denen mindestens ein Bremssystem auch nach Ausfall der Stromzufuhr voll funktionsfähig bleiben muss. Zusätzlich steht für den Notfall eine Magnet-Schienenbremse zur Verfügung.

Das Bremsen mit der Magnet-Schienenbremse erfolgt elektromagnetisch. Der zugeführte Strom erzeugt Magnetismus, mit dem wiederum die Schleifschuhe aus Metall an die Schiene gezogen werden. Die dabei erzeugte Bremskraft ist enorm, auch bei nassen Schienen. Anders bei den am Rad oder an der Radachse angebrachten Klotz-, Trommel- oder Scheibenbremsen: Sie bremsen das Fahrzeug nur über die Achsen und damit über die Radreifen ab. Eine Vollbremsung bei nassen Schienen kann hier zu einer Rutschpartie werden. Dann hilft nur noch Sand.

Die Entwicklung der Bremsen bei den Straßenbahnen ist in etwa mit denen der Eisenbahnen zu vergleichen. Ausnahmen sind an spezielle Bedingungen angepasste Straßenbahnen wie etwa die Cable Cars in San Francisco. Frühere Klotz- und Trommelbremsen werden heute nicht mehr verwendet.

Handbremse und Sand vs. elektrodynamische Bremse

Als Beispiel lässt sich in früheren Münchner Straßenbahnen der Baureihe M noch eine Handbremse im Beiwagen finden. Der Einsatz von Quarzsand ist auch heute noch möglich. Er findet jedoch im Gegensatz zur Eisenbahn meist beim Anfahren Verwendung. Heute ist bei modernen Straßenbahnen in Deutschland eine elektrodynamische Betriebsbremse vorgeschrieben. Bei einer negativen Beschleunigung, also beim Abbremsen, erzeugt der Motor als Generator Strom, den er zurück ins Netz speist. Man spricht hier auch von der generatorischen Bremse.

Mit neuester Technik noch mehr Sicherheit?

Um etwa Auffahrunfälle zu vermeiden, wurde von Bombardier Transportation ein weltweit erstes bildbasiertes Fahrer-Assistenzsystem zur Hinderniserkennung entwickelt. ODAS, Obstacle Detection Assistance System, ist vollkommen eigenständig in der Lage, Hindernisse vor der Bahn zu erkennen und bei Kollisionsgefahr eine Bremsung einzuleiten.

Hier wird richtig zugepackt: Modernste Bremstechnik sorgt für Sicherheit.
Bild: siemens.com/presse

Die Klotzbremse früher Straßenbahnen kommt heute aufgrund ihrer geringeren Wirksamkeit nicht mehr zum Einsatz. Exponat: MVG Museum, Bild: Stefan Friesenegger

ULF, ein Kostentreiber?

18

Noch tiefer geht es kaum

Im Vergleich zu älteren Straßenbahnfahrzeugen wird deutlich, wie sehr sich Einstiege oder Böden im Innenraum in ihrer Höhe verändert haben. Vielerorts sind sogenannte Niederflur-Straßenbahnwagen bereits Standard. Aber auch „Ultra Low Floor“ (ULF)-Fahrzeuge, die Niedrigstflur-Straßenbahnen, können immer häufiger beobachtet werden. Fahrzeuge dieser Bauart verbessern sowohl den Fahrgastkomfort als auch die Barrierefreiheit deutlich. Diese Bauweise erlaubt wesentlich mehr Mobilität, nicht nur für Rollstuhlfahrer. Grundsätzlich ist davon der gesamte Fahrgastfluss im positivem Sinne betroffen. Auch die Unfallgefahr bei Ein- und Ausstieg wird deutlich reduziert. Aber gibt es bei dieser Bauweise nur Vorteile?

Kein Licht ohne Schatten

Hochflur-Straßenbahnen gibt es im Prinzip nicht. Sie werden so genannt, um eine Unterscheidung zu den Niederflur-Fahrzeugen zu schaffen. Der Fußboden einer „Hochflur“-Straßenbahn kann je nach Bauart bis zu einem Meter über der Schienenoberkante liegen. Der Zutritt ist daher nur über Stufen möglich. In den Böden können verhältnismässig

Der Typ Avenio verlässt das Produktionswerk in Wien und wird gerade auf einen Tieflader gezogen. Enorm, wie weit die Einstiegstüren nach unten gezogen werden konnten. Bild: siemens.com/presse

Extrem niedrig sind die Unterkanten der Einstiege. Der Avenio steht in der Station Beatrixkwartier in Den Haag. Die Station wird auch „Netzstrumpfhose" genannt. Bild: siemens.com/presse

einfach Fahrmotoren, Druckluftsysteme, Batterien, die Elektrik oder Klimaanlagen untergebracht werden. Fehlt dieser Platz, muss auf das Dach ausgewichen werden. Dort erzeugen sie aber mehr Lärm und der Schwerpunkt verlagert sich. Für die Verkehrsbetriebe stehen vor allem die Kosten im Vordergrund. Dabei sind nicht nur die Kosten der Anschaffung zu verstehen. Niederflurfahrzeuge sind in Unterhaltung und Betrieb kostenintensiver. Die Bauweise hat sich bei manchen Fahrzeugen auch negativ auf die Lebensdauer ausgewirkt. Da für Getriebe kein Platz vorhanden ist, kommen sogenannte Radnabenmotoren zum Einsatz. Hier sitzt der Fahr-, also der Antriebsmotor, direkt am oder sogar im Rad. Diese Bauweise ist in der Konstruktion sehr aufwändig. Bei der Entwicklung von ULF-Fahrzeugen ist das Thema Stabilität ebenfalls nicht unproblematisch.

Wussten Sie schon?

Gemessen wird die Einstiegshöhe ab Schienenoberkante. Üblich sind bei Niederflur-Straßenbahnwagen etwa 300 mm. Bei Ultra Low Floor-Straßenbahnen beginnt der Standard bei 180 mm.

Der Faltenbalg …

19 … eine flexible Dichtung

Mit der Konstruktion erster Gelenktriebwagen entstand die Aufgabenstellung, den Innenraum des Fahrzeugs vor Wasser, Kälte und Schmutz, aber auch Fahrtwind zu schützen und das Gelenk zwischen den Wagenkästen abzudecken. Das gleichzeitige Zusammenschieben und Ausdehnen der Wagenteile beim Befahren von Radien erschwerte das Abdichten. Für die Bewegungen des Gelenks musste daher eine flexible Dichtung entwickelt werden.

Trotz ihrer großen Fahrzeuglänge können Gelenktriebwagen die teilweise engen Radien in den Städten gut bewältigen. Dabei treten immer wieder extreme Bewegungen am Fahrzeug auf. Um diesen Bewegungen möglichst dauerhaft standhalten zu können, wird ein spezielles Material benötigt. Bereits Mitte der 1920er-Jahre traten erste Straßenbahn-Gelenkwagen in Erscheinung. Zweiachser, in einer einfachen Form miteinander verbunden, besaßen zunächst ein Zwischengehäuse, das den Drehbewegungen des Gelenks ein Stück folgte. Abgedichtet wurden die Zwischenräume mit Leder oder schwerem, an der Oberfläche behandelten Stoff. Eine Innenverkleidung fehlte vollständig. Der Übergang vom eigentlichen Triebwagen in den Beiwagen über das Gelenk wurde somit auch während der Fahrt möglich. Die Lebensdauer dieser Dichtungen war jedoch noch sehr begrenzt. Mit den ersten Faltenbälgen konnte auf die aufwändigen Zwischengehäuse verzichtet werden. Die Bälge waren bereits elastisch aufgebaut und zogen sich nach ihrer Dehnung wieder wie eine Ziehharmonika zusammen. Über Leder und Stoffe folgten mit der Zeit Gummi und Kunststoffe.

Hightech im Straßenbahnbau

Anstelle der frühen, noch von Hand vernähten Faltenbälge kommt heute ein breites Spektrum von Außen- und Innenverkleidungen zum Einsatz. Ganze Systeme werden angeboten. Dabei geht es nicht mehr allein um den Schutz vor Wind, Wasser und Kälte, sondern auch um Themen wie Schallschutz und Vandalismus. Je nach Bedürfnis der Hersteller von Triebzügen und unterschiedlichen Gelenken kommen heute Doppelwellen-, Wellen- oder Faltenbälge zum Einsatz. Die Übergangssysteme werden nach Einfach- und Doppelgelenken unterschieden. Ein weiterer Punkt ist der Grad der Nick- und Dreh-, aber

Der Avenio auf der Maximiliansbrücke vor dem Bayerischen Landtag in München. An diesem Triebzug kommen unterschiedliche Bälge zum Einsatz. Bild: siemens.com/presse

auch der Wankfreiheit. In den Gelenken befinden sich darüber hinaus auch Dämpfungseinheiten und Kanäle für Betriebsmittel, Kabel, Beleuchtungen und Klimaschächte. Die Bälge müssen aber auch in das optische Gesamtbild einer Straßenbahn passen und die Anforderungen an spezielle Vorschriften des Brandschutzes erfüllen. Muss ein Faltenbalg tatsächlich einmal ausgetauscht werden, sind möglichst kurze Demontage- und Montagezeiten von Vorteil. Für besondere Anforderungen werden bereits Schnelltrennsysteme angeboten.

Höchste Anforderungen an Material und Montage

Egal, ob ein Faltenbalg geschweißt, geklebt oder genäht ist, er muss dauerhaft formstabil bleiben und immer wieder in seine Ursprungsform zurückkehren. Neben einer hohen Reiß-, Wärme- und Kältefestigkeit ist auch eine UV-Stabilität von großer Bedeutung. Stabilisierend wirken zusätzliche Rahmen aus Aluminium oder Edelstahl um jede Falte. Neben ihrem Einsatz bei Straßenbahnen, U- und S-Bahnen, Bussen bis zu den Hochgeschwindigkeitszügen finden Faltenbälge eine vielseitige Anwendung. Auch an Hubtischen von technischen Geräten und Maschinen, Musikinstrumenten oder Kameras schützen sie vor Verunreinigungen durch Schmutz, Feuchtigkeit oder Staub.

Antriebe der Straßenbahnen

Ihre Entwicklung hat eine lange Geschichte

20

Die Geschichte der Straßenbahn beginnt im Jahr 1832 in New York. Die von John Stephenson entworfenen, schienengebundenen Fahrzeuge werden von Pferden gezogen. Ihren Ursprung haben sie, wie die Eisenbahn auch, bei Feld- oder Grubenbahnen. Deren Loren wurden meist durch Menschen bewegt. Besonders im asiatischen Raum wurden zum Ziehen von Straßenbahnen auch billige Arbeitskräfte eingesetzt. Pferdestraßenbahnen, mancherorts auch von Maulesel gezogen, setzen sich zu dieser Zeit weltweit durch. Da Straßenbahnen in aller Regel innerstädtisch im Dienst standen, waren die Hinterlassenschaften der Pferde jedoch wenig beliebt. Zahlreiche Betriebe stellten ihre Fahrzeuge auf Dampftraktion um. Dampfbetriebene Straßenbahnen sind zwar leistungsfähiger, aber auch hier setzten Rauch und Ruß den Anwohnern in der Stadt zu.

Der Kabelantrieb – eine Lösung?

Auf der Suche nach einem effizienteren Antrieb entstand so manche Idee. Weit vor den ersten mit Strom betriebenen Straßenbahnen beförderten Wagen mit einem Kabelbahnsystem ihre Fahrgäste. Bekanntestes Beispiel sind die berühmten Cable Cars in San Francisco. Sie wurden bereits 1873 in Dienst gestellt. Zunächst wurde die Antriebsanlage von Dampfmaschinen angetrieben. Die Wagen sind noch heute im Einsatz. Der Antrieb der Anlage erfolgt jetzt natürlich elektrisch. Sie sind inzwischen die einzigen Kabelstraßenbahnen der Welt, deren Fahrzeuge vom Antriebsseil entkoppelt werden können. Kabelbahnsysteme werden vor allem in Städten mit starken Steigungen genutzt. Das System hat sich bewährt, wie sich an unzähligen Beispielen zeigt: so etwa die Standseilbahn zum Stuttgarter Waldfriedhof, die Bahn auf den Königsstuhl in Heidelberg oder die in Salzburg seit 1892 existierende Festungsbahn zur Festung Hohensalzburg.

Als 1881 die erste elektrisch betriebene Straßenbahn in Groß-Lichterfelde durch die Straßen fuhr, änderte sich alles. Werner von Siemens war maßgeblich beteiligt. Seine Entwicklung der Stromzufuhr über eine Oberleitung wird bis heute eingesetzt. Pferdebahnen wurden jetzt meist direkt auf den elektrischen Betrieb umgestellt. Die Pferdebahnen hatten dann oft ausgedient. Im Hinblick auf eine Verbesserung von Wirtschaftlichkeit und Verschmutzung in den Städten trat ab Mitte der 1880er-Jahre eine von

Die Antriebsanlage von Mason und Powell. Mit diesen großen Antriebsrädern werden die Kabel Tag und Nacht angetrieben. Die Anlage ist zugleich Museum, der Eintritt ist frei. Bild: Frank Schulenburg

einem Gasmotor angetriebene Straßenbahn in Erscheinung. Aufgrund des hohen Verbrauches und der Anfälligkeit der Motoren wurde das Vorhaben jedoch wieder eingestellt. Als kurz darauf Gottlieb Daimlers mit einem Benzinmotor betriebene Straßenbahn durch Stuttgart fuhr, sah man sich dem Ziel näher. Aber die zu diesem Zeitpunkt einsetzenden elektrischen Antriebe bedeuteten das Aus für die Verbrennungsmotoren in Straßenbahnen. Auch die in der Zwischenzeit mit Druckluft betriebenen Straßenbahnen konnten sich auf Dauer nicht durchsetzen.

Dampfstraßenbahnen hingegen bestimmten noch lange das Straßenbild einzelner Städte, auch parallel zu den elektrischen Straßenbahnen. Erste mit Akkumulatoren betriebene Straßenbahnwagen traten bereits Ende des 19. Jahrhunderts ihren Dienst an. Die Zeit blieb nicht stehen, die Antriebe entwickelten sich weiter. Batteriebetriebene Straßenbahnen gibt es inzwischen wieder. Sie werden eingesetzt, wenn oberleitungsfreie Strecken in historischen Stadtteilen überwunden werden müssen. Die drahtlose Stromversorgung ist noch in der Entwicklung, ebenso Antriebe mit Brennstoffzellen. Gute Dienste leisten Hybridantriebe, so etwa der Combino-Duo, der innerstädtisch mit Strom und als Überlandstraßenbahn mit Dieselmotoren angetrieben wird.

Künftig ohne Oberleitung?

Teuer und nicht von jedem gern gesehen

21

Elektrisch betriebene Straßenbahnen beziehen ihren Fahrstrom in aller Regel aus dem Fahrdraht der Oberleitung. Diese ist jedoch aufwendig und wird nicht von jedem gern gesehen. Städtebaulich ist die Oberleitung daher vielen ein Dorn im Auge. Grundsätzlich kommen in Deutschland zwei Systeme zum Einsatz. Die sogenannte „Einfachfahrleitung" besteht nur aus dem Fahrdraht. Sie fällt dadurch weniger auf. Da er jedoch nur von den Trägern gehalten wird, ist ein kürzerer Abstand der Träger erforderlich. Trotz dieser Tatsache gilt diese Bauart als kostengünstiger. Vor allem bei früheren Stromabnehmern mit Rollen fand dieser Fahrdraht seinen Einsatz. Wie auch bei der Eisenbahn wird die „Kettenfahrleitung" häufig für Straßenbahnen verwendet. Bei ihr wird der Fahrdraht durch ein Tragseil gehalten. Sie kann über eine längere Spannweite eingesetzt werden und benötigt weniger Masten.

Eine bestimmte Streckenlänge können sogenannte „Variobahnen" ganz ohne Oberleitung überbrücken. Diese Straßenbahnen holen sich den erforderlichen Fahrstrom aus der Fahrleitung und betreiben damit die Fahrmotoren und alle elektrischen Einrichtungen. Mit einem Teil des Fahrstroms werden zugleich ihre Akkus geladen. Auf diese Weise müssen Straßenzeilen in einer historischen Altstadt oder beispielsweise ein Streckenverlauf durch den Englischen Garten in München nicht mehr mit Oberleitungen verschandelt werden. Steht der Fahrdraht wieder zur Verfügung, erfolgt eine erneute Ladung der Akkus.

Die „Einfachfahrleitung" ist in ihrer Spannweite begrenzt. Daher sind mehr Verspannungen erforderlich, wie hier in der Fuggerstraße in Augsburg. Bild: Stefan Friesenegger

Durch ihr Tragseil kommt die „Kettenfahrleitung" mit weniger Masten oder Haltepunkten aus. Bild: Stefan Friesenegger

Straßenbahnen – wie eine elektrische Zahnbürste?

Eine weitere, überraschend genial wirkende Variante ist die völlig kabellose Straßenbahn. Induktion heißt das Zauberwort. Wie bei einer elektrischen Zahnbürste, die berührungslos durch Induktion den erforderlichen Strom für ihren Akku erhält, fährt auch die Straßenbahn auf ihren bisherigen Schienen. Damit könnten alle Masten und die so oft angeprangerten Leitungen entfallen. In Augsburg ist eine solche Teststrecke errichtet. Die Bombardier Transportation GmbH hat nun die Hoffnung, allein mit Induktion fahren zu können, nicht nur zur Überbrückung.

Wussten Sie schon?

Aktuelle Fahrleitungen bestehen aus einer Kupferlegierung. Sie haben in der Regel einen Durchmesser von etwa 12 mm. Abweichungen können etwa durch eine Mehrfacheinspeisung entstehen.

Videoüberwachung

22

Nicht jede Straßenbahn ist videoüberwacht

Um mehr Sicherheit für Fahrgäste, Mitarbeiterinnen und Mitarbeiter zu gewährleisten, aber auch, um dem zunehmenden Vandalismus den Kampf anzusagen, setzen die Verkehrsbetriebe vermehrt auf Videoüberwachung. Dabei kommen unterschiedliche Systeme zum Einsatz. Bei älteren Geräten werden die Bilder zwar übertragen, jedoch nicht zwangsläufig gespeichert.

In U-Bahnen sind Kameras schon lange im Einsatz. Nun wird bei Bussen und Straßenbahnen nachgerüstet. Beim Thema Videoüberwachung scheiden sich jedoch die Geister. Je nach Stadt beobachten uns täglich mehr als 100 Kameras, von privaten Objektiven ganz abgesehen. London gilt als Europas Überwachungsstadt, da sind es etwa dreimal mehr. Unterschieden wird nach meldepflichtig und nicht meldepflichtig. Dabei ist die Videoüberwachung grundsätzlich gesetzlich geregelt, besonders im öffentlichen Raum. Auch die Weitergabe des Videomaterials unterliegt den gesetzlichen Regelungen. Eine Verkehrsgesellschaft kann nicht frei über das vorliegende Material verfügen. Die Herausgabe des Materials kann nur über die Polizei und die zuständige Staatsanwaltschaft verlangt werden.

Problemfall Speicherdauer

Erst mit dem Einsatz neuerer Geräte können Daten gespeichert werden. In aller Regel beträgt die Speicherdauer 48 Stunden, danach werden die Daten automatisch gelöscht. „Nur“ möchte man fast sagen, wenn hierbei der Zeitaufwand von der Meldung einer Straftat bis zur polizeilichen Auswertung des Materials berücksichtigt wird. Daher ist bei einer Straftat unbedingt zu empfehlen, sofort die Polizei einzuschalten, damit die Daten rechtzeitig gesichert werden können. Besteht keine Sicherheit über den Tatbestand, handelt es sich im Zweifel grundsätzlich um einen Notfall.

Datenschutz oder Sicherheit?

Ältere Geräte werden laufend gegen neue ausgetauscht. Datenschützer sehen einen Eingriff in das Persönlichkeitsrecht, wenn Bürger in ihrem Alltag gefilmt werden. Neben der Sicherheit geht es den Verkehrsgesellschaften aber auch um den Kampf gegen den Vanda-

Die Frage wird immer wieder gestellt: Bringen Kameras wirklich mehr Sicherheit? Mit Piktogrammen wird auf eine Videoüberwachung in der Straßenbahn hingewiesen. Bild: Stefan Friesenegger

lismus. Folgt man den Statistiken, sind Übergriffe und Vandalismus durch den Einsatz von Kameras zurückgegangen. Weit über die Hälfte der deutschen Bevölkerung ist sogar für eine Erhöhung der Videoüberwachung in der Öffentlichkeit. Neue Unterflurfahrzeuge sind lang. Sie können gemäß der BOStrab bis maximal 75 Meter erreichen. Damit ist eine entsprechende Anzahl von Kameras erforderlich.

Wussten Sie schon?

Datenschützer sehen dies skeptisch. Dennoch soll eine flächendeckende Videoüberwachung im öffentlichen Nahverkehr erreicht werden. Straßenbahnhaltestellen sind aktuell nur an speziellen Orten videoüberwacht.

Akustische Signale der Tram

Wenn die Glocken nicht mehr klingen

23

Was dem Auto die Hupe, ist der Straßenbahn die Glocke. Deren Erfindung soll bis in die Mitte der 1830er-Jahre zurückreichen. Sie wird dem Erfinder Johann Philipp Wagner aus Hessen zugeschrieben. Im Rahmen seiner physikalischen Experimente entstand auch der elektromagnetische Hammer. Diese Entwicklungsgrundlagen finden noch heute beispielsweise in einer elektrischen Hupe Verwendung. Zahlreiche Straßenbahnglocken ertönten jedoch durch einen kräftigen Tritt auf einen Knopf am Boden des Führerstandes.

Auch Computer können nicht alles

Glocken wurden aber auch mittels Druckluft oder elektrisch betätigt. Wie nahezu überall übernehmen Computer die Macht. So auch beim Typ Avenio. Hier wurde eine Sounddatei abgespielt, welche das Läuten von früher ersetzen sollte. Dieser künstlich erzeugte Ton lag jedoch weitab von dem Gewohnten, an dem sich hin und wieder auch die Stimmungslage eines Straßenbahnfahrers erahnen ließ. Glücklicherweise wurden die Triebwagen auf ein elektromechanisches Straßenbahngeläut umgerüstet. Damit hat die Münchner Tram ihr altes Klingeln wieder.

Sehr wirkungsvoll! Eine im Aufbau einfache, mechanische Glocke unter beiden Führerständen im Triebwagen. Exponat: Stuttgarter Historische Straßenbahnen e. V., Bild: Stefan Friesenegger

Zukunft ohne Schaffner

24

Der „Einmannwagen" hält Einzug

Der Schaffner als Arbeitskraft kostet Geld. Das ist nicht wenig, wenn man bedenkt, dass zahlreiche Triebfahrzeuge der Straßenbahnen wenigstens einen, lange Zeit sogar zwei Wagen zogen und in jedem Wagen ein Schaffner seiner Tätigkeit nachging. Das waren mit dem Straßenbahnfahrer vier Mitarbeiter pro Zug! Sicher war das Gehalt eines Schaffners nicht allzu hoch, aber die Summe machte es eben aus. Aber auch ein akuter Personalmangel führte schon zu solchen Rationalisierungsmaßnahmen.

Maschinen übernehmen die Aufgaben der Schaffner

Doch um einen Schaffner ersetzen zu können, müssen zahlreiche Voraussetzungen geschaffen werden. Solche fahrbetriebliche Maßnahmen setzten unter anderem voraus, dass ein neues Fahrscheinsystem eingeführt wird. Die Lochzange hatte ausgedient. Auch die Fahrzeuge müssen für einen „Einmannbetrieb" umgerüstet werden. Um alle notwendigen, vor allem aber sicherheitstechnischen Themen abzudecken, mussten die Aufgaben des Schaffners auf die Maschine übertragen werden. Elektromechanische, elektrische und pneumatische Einrichtungen machten das überhaupt erst möglich.

Der Schaffner beim Markieren der Fahrscheine in einem Zug, Type E, im Jahr 1965.
Bild: Bildarchiv/Wiener Linien

Fahrscheinautomaten

25 Echte Hightech-Monster

Eine der Aufgaben eines Schaffners wurde von den Fahrkartenautomaten übernommen. Diese Automaten zur Selbstbedienung kommen heute nahezu weltweit zum Einsatz. Im Wesentlichen unterscheiden sie sich in Bedienung und durch ihren mobilen oder stationären Standort. Die ersten Automaten wurden in der ehemaligen DDR in Betrieb genommen und gelten als Vorreiter aller Fahrscheinautomaten. Die Deutsche Reichsbahn (DR) hat sie als Unterstützung zu den Fahrkartenschaltern in Auftrag gegeben. Entwickelt wurden die Automaten in der Hochschule für Verkehrswesen in Dresden.

Bei modernen Automaten werden grundsätzlich Touchscreens eingesetzt. Für einige Fahrgäste sind vor allem die unterschiedliche Entwertung, die Wahl einer Fahrkarte über eine Zahlenkombination, bei der zuerst das Ziel in einer Liste gefunden werden muss, oder die Parallaxe, die zu einer Bedienung in einem bestimmten Winkel zwingt, problematisch. Je Hersteller und Land werden unterschiedliche Betriebssysteme eingesetzt. Stehen die Automaten im Freien, können sie sich ab einer bestimmten Temperatur im Minus-, aber auch im Plusbereich automatisch abschalten.

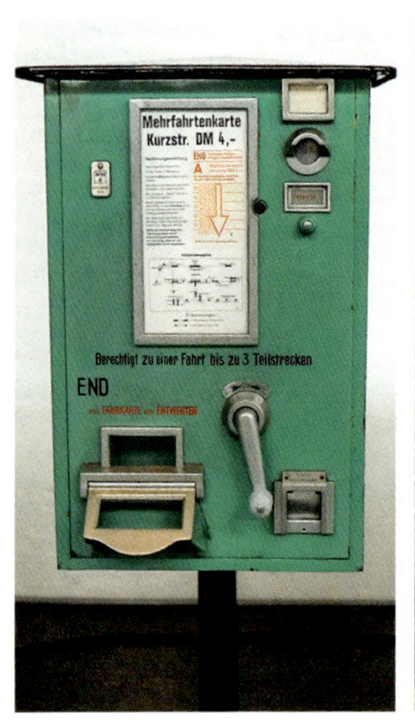

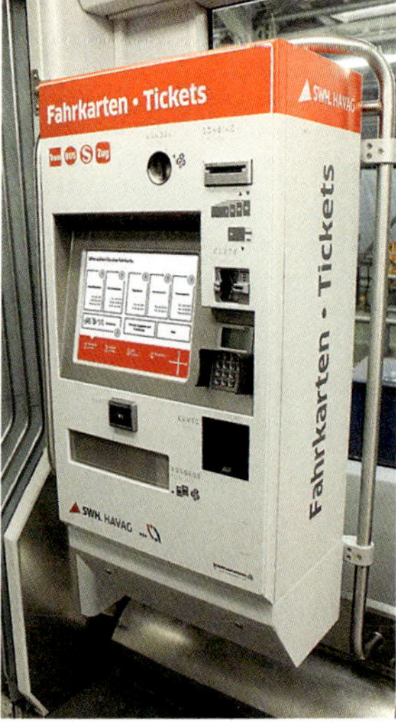

Links: Ein Stuttgarter Fahrkartenautomat der frühen Tage. Exponat: Stuttgarter Historische Straßenbahnen e.V., Bild: Stefan Friesenegger

Rechts: Ein neuer, mobiler Fahrkartenautomat in einem Fahrzeug der HAVAG in Halle/Saale. Bild: HAVAG

26

Fahrkartenentwerter

Die eisernen Schaffner

Fahrkartenentwerter sind üblicherweise nach dem Kauf einer Fahrkarte erforderlich, denn erst nach dem Entwerten erhalten diese ihre Gültigkeit. Für die Entwertung stehen unterschiedliche Systeme zur Verfügung. Meist erfolgt der Aufdruck eines Stempels. In diesem nach Land oder Region unterschiedlichen Code sind meist Datum, Uhrzeit, Standort und die Gerätenummer enthalten. Entwerter, die lochen oder stanzen, stehen ebenfalls noch im Dienst, bilden jedoch heute eine Minderheit. Das gilt auch für Karten mit Magnetstreifen.

Out of Order

Was aber tun, wenn diese eisernen Schaffner nicht funktionieren? Nach einer weitläufigen Meinung nutzen einige Fahrgäste in einem solchen Fall das Verkehrsmittel ohne entwerteten Fahrschein. Grundsätzlich aber gilt, dass ein Fahren ohne gültigen Fahrausweis als Schwarzfahren gewertet wird und damit eine Straftat darstellt. Da in Straßenbahnen meist mehrere Entwerter zur Verfügung stehen, sind diese alternativ zu nutzen. In letzter Konsequenz ist der Straßenbahnfahrer zu informieren. Steht etwa in einem Beiwagen kein Personal als Ansprechpartner zur Verfügung, sprechen Sie andere Fahrgäste für den Fall einer Kontrolle als Zeugen an.

Dieser Fahrkartenentwerter ist außer Betrieb. In Straßenbahnen sind jedoch weitere angebracht, die alternativ genutzt werden müssen. Bild: siemens.com/presse

Fahrkarte, Ticket oder Billett?

Die Geschichte der Fahrkarten

27

Damit „Öffis" – Verzeihung – öffentliche Verkehrsmittel genutzt werden dürfen, ist ein Beförderungsentgelt zu entrichten. Als Nachweis für den bezahlten Fahrpreis erhält man einen Fahrausweis, das sogenannte Ticket, den Fahrschein oder schweizerisch das Billett. Erfunden haben's die Schweizer allerdings nicht. Erste Fahrkarten entstanden aus kleinen Zetteln, die aus der Zeit der Postkutschen übernommen wurden. Später besaßen sie bereits fortlaufende Nummern.

Erste Fahrkarten aus Karton entstanden um 1835. In dem Zusammenhang wird häufig Thomas Edmondson genannt, der sich um diese Karten verdient gemacht hat. Zur Entwertung wurden die Karten gelocht. Dieses Prinzip hielt sich vor allem bei der Eisenbahn bis in die 1980er-Jahre.

Fahrkarten-Vielfalt oder Fahrkarten-Dschungel?

Mit der Ausbreitung der öffentlichen Verkehrsmittel über den Globus entwickelten sich unzählige Fahrscheine, Systeme und Fahrraum-Begrenzungen. Ein regelrechter Fahrkarten-Dschungel entstand. Jedes Land und nahezu jede Stadt verfügte über eigene Systeme. Dazu kamen und kommen zahlreiche Sonderkarten wie etwa Gepäckkarten, der Hundefahrschein, Bahnsteigkarten, Umsteigekarten, Arbeiterkarten, Zeitkarten, Umtausch-Karten, Abonnementkarten, Gastkarten, Tageskarten, Einzel- und Rückfahrkarten, Kinderkarten, Sonderkarten für Kongresse, Tagungen oder die Weltausstellung. Dabei sind das noch längst nicht alle. Kommen Ihnen einige davon irgendwie bekannt vor?

Die Fahrkarten aus Sicht des BGB

Eine Fahrkarte wird in Deutschland entsprechend dem Bürgerlichen Gesetzbuch (BGB) als kleines Inhaberpapier bezeichnet. Ähnlich den Banknoten werden die Fahrkarten auf einem Spezialpapier mit zahlreichen Sicherheitsmerkmalen gedruckt. Die meisten Fahrkarten müssen vor Fahrtantritt entwertet werden. Eine Beförderungserschleichung stellt grundsätzlich einen Straftatbestand dar. Das gilt auch für Handy-Tickets bei Verlust oder Versagen des Mobiltelefons. Mit dem Klimaschutzprogramm 2030 wird auf Fahrkarten im Personennah- und Fernverkehr seit 1. Januar 2020 der ermäßigte Mehrwertsteuersatz erhoben.

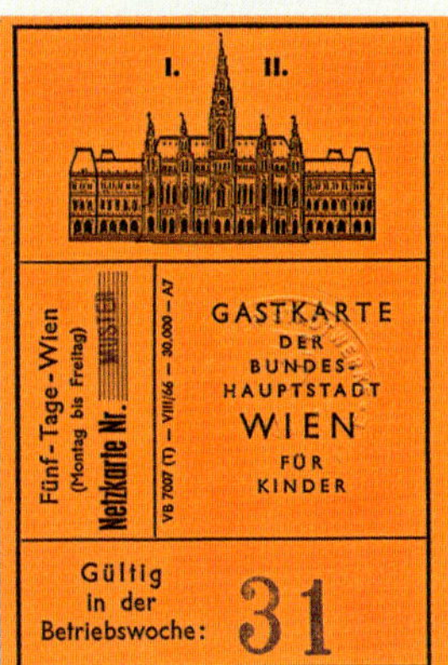

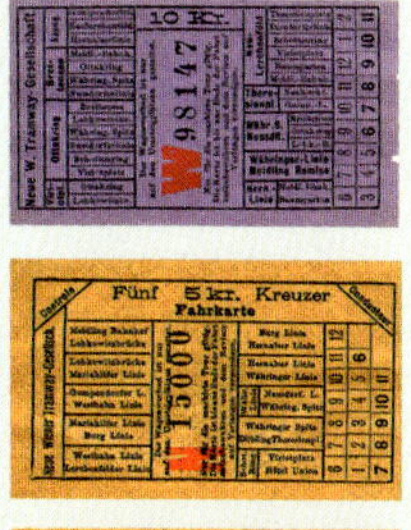

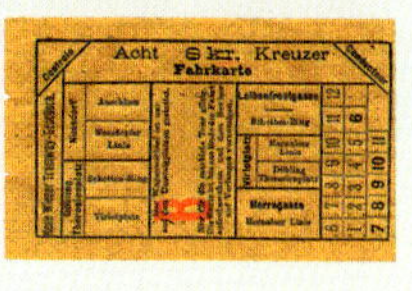

Die Vielfalt der Fahrscheine nach Ländern und Städten ist gewaltig. Hier eine kleine Sammlung Wiener Fahrscheine aus der Zeit von 1900 bis 1925. Fahrkarten aus allen Ländern und Epochen werden gesammelt und mit ihnen im Internet oder auf Tauschbörsen schon mal hohe Preise erzielt. Bilder: Bildarchiv/Wiener Linien

Wussten Sie schon?

Konzepte einer generell kostenlosen Nutzung der öffentlichen Verkehrsmittel in den Städten werden immer wieder vorgelegt. Der „Nulltarif" findet jedoch nicht nur Befürworter.

Der Fahrgastfluss

Abfertigungsverfahren – immer noch aktuell

28

Um im öffentlichen Nahverkehr Fahrzeiten einhalten oder gar beschleunigen zu können, wurden zahlreiche Ideen entwickelt. So auch der „Fahrgastfluss" oder wienerisch: „Fließverkehr". Darunter sind kürzere Zeiten für den Fahrgastwechsel an Haltestellen für Straßenbahnen, Busse, aber auch alternative Verkehrsmittel zu verstehen. Damit sich die Fahrgäste nicht gegenseitig behindern, sollen die einsteigenden und aussteigenden Personen verschiedene Türen benutzen. Aus diesem Konzept ergaben sich unterschiedliche Varianten, die abfertigungstechnische oder tarifliche Gründe haben können.

Anfangs mussten sich Schaffner ihren Weg von einem Wagenende der Straßenbahn zum anderen bahnen, um jeden Fahrgast abfertigen zu können. Die Arbeit dieser „Pendelschaffner" wurde mit der Zunahme der Wagenlänge immer schwieriger. Meist konnten sie gar nicht alle Fahrgäste vor der nächsten Haltestelle erreichen. Stiegen die Fahrgäste wieder aus, war deren Fahrt kostenfrei. Als an die Straßenbahntriebwagen Beiwagen angehängt wurden, mussten entsprechend mehr Schaffner eingesetzt werden. Dies führte zu einer deutlichen Abnahme der Wirtschaftlichkeit.

Mit dem Fahrgastfluss entstanden neue Probleme

Hinsichtlich dieser Entwicklung sollte der Fahrgastfluss Abhilfe schaffen. Erste Schritte in diese Richtung erfolgten um 1900. Insbesondere mit den Peter-Witt-Wagen, die bereits 1914 für Fahrgäste eingesetzt wurden, konnte das Ziel erreicht werden. Das Prinzip war einfach, aber wirkungsvoll. Die meist hintere Türe wurde zur „Einstiegstüre" erklärt. Nur dort durften die Fahrgäste das Fahrzeug betreten und passierten den im hinteren Bereich installierten Sitz des Schaffners. Erst nach Kauf einer Fahrkarte oder Vorzeigen einer Zeitkarte konnten sie weiter in den Fahrgastraum vortreten. Mit der weiteren Zunahme der Fahrgäste fand auch eine Mehrfachabwicklung statt. Hatte man bereits eine Fahrkarte, war ein „Überholen" der zahlenden Fahrgäste erlaubt. Zum Ausstieg kamen jetzt nur noch die vorderen Türen in Frage. Ein großer Nachteil ist der Rückstau von Fahrgästen. Bildet sich eine Schlange bis auf die Straße, kann die Straßenbahn nicht weiterfahren. Eine Ausnahme bildeten Straßenbahnen mit großen Plattformen. Daher wurden mancherorts die vorhandenen Plattformen im hinteren Bereich vergrößert.

Der Peter-Witt-Wagen No. 1815 am Pier 31 in San Francisco. Diese Wagentypen gehören zu den ersten Straßenbahnen mit einem tatsächlichen Fahrgastfluss. Bild: Lukas Kriwetz

Unterschiedliche Fahrzeugkonfigurationen

Weitere Überlegungen sahen die Motivation zum Erwerb von Sichtkarten oder eine Tarifvereinheitlichung vor. Mit Zunahme dieser Maßnahmen konnte bereits teilweise auf die Schaffner verzichtet werden. Zumindest in verkehrsschwachen Zeiten wurden der Verkauf und die Kontrolle der Fahrkarten vom Fahrer übernommen. Zahlreiche weitere Versuche hinsichtlich des Fahrgastflusses entstanden, wurden eingeführt, gerieten aber wieder in Vergessenheit. Es gab Versuche, ein regelwidriges Einsteigen zu verhindern, indem Schranken oder Drehkreuze angebracht wurden. Auch sollten Stangen im Fahrzeugraum ein „Vorbeimogeln" am Schaffner verhindern. Heute werden Ein- und Ausstiegszeiten, aber auch Engpässe analysiert und ein Fahrzeugkonzept erarbeitet. Daraus entstehen neue, vor allem aber verschiedene Fahrzeugkonfigurationen, die sich in Abhängigkeit der jeweiligen Situation in eine unterschiedliche Anordnung von Türen, Gängen und Sitzplätzen auswirken. Der Fahrgastfluss wird heute wieder vermehrt eingesetzt – auch, um den hohen Anteil von Schwarzfahrern einzudämmen.

Vollwäsche gefällig?

29 Waschanlagen für Straßenbahnen

Fahrzeuge des öffentlichen Verkehrs sauber zu halten, ist keine leichte Aufgabe. In aller Regel reinigen die Betriebe ihre Straßenbahnen nach Bedarf und Wetterlage. Für die Reinigung der Außenhaut stehen seit etwa Mitte der 1950er-Jahre Waschanlagen zur Verfügung. Aber auch hier musste noch immer Hand angelegt werden. Die Firma Kullen aus Reutlingen baute bereits 1958 im Depot Dachauer Straße die erste Waschanlage für Münchner Trambahnen ein. In Anlagen dieser Art fährt das Fahrzeug in langsamer Geschwindigkeit durch die rotierenden Waschbürsten.

Bei modernen Waschanlagen fahren die textilen Bürsten und die Wasserzugabe um das Fahrzeug herum. Entsprechend dem Verschmutzungsgrad können unterschiedliche Programme gewählt werden. Durch die salzhaltige Luft an den Küsten ist eine wesentlich intensivere Reinigung erforderlich. Auch der Abrieb der Stromabnehmer führt zuweilen zu starken Verschmutzungen der Straßenbahnwagen. Die Waschzeiten heutiger Anlagen sind unterschiedlich. Je nach Fahrzeug und Waschprogramm dauert die Reinigung zwischen sieben und elf Minuten. Die dafür erforderliche Wassermenge liegt bei 600 bis 1.000 Liter pro Wäsche. Dank dreidimensionaler Bürsten können auch die Kanten am Dach wirkungsvoll gereinigt werden. Unterstützt werden die Arbeiten durch Hochdruckreiniger mit etwa 80 bar. Aber auch bei Straßenbahnen gilt es, den Lack zu schonen.

Ein Tatra-T3-Wagen in Odessa als Werbefahrzeug für Straßenbahn-Waschanlagen.
Bild: Florian Weiss

Eine Waschanlage im Depot München-Steinhausen um 1964. Hier kommt noch Handarbeit zum Einsatz. Bild: Archiv der Freunde des Münchner Trambahnmuseums e.V.

Der Umwelt zuliebe wird das Wasser aufbereitet

Damit eine Wäsche wirkungsvoll ist, müssen dem Wasser hochaktive Reinigungsmittel beigemengt werden. Trocknungshilfen, Lösungsmittel und Wachse verschmutzen das Wasser ebenso wie der abgewaschene Schmutz selbst. Öle und Schmierstoffe werden abgeschieden. Etwa zwei Drittel des Wassers können für den nächsten Waschgang erneut genutzt werden. Beim DVB wird sogar Regenwasser verwendet.

Innen sieht es oft schlimm aus

Was außen Maschinen erledigen, erfolgt im Innenraum in Handarbeit. Dabei geht es nicht immer um übliche, sondern meist um mutwillige Verschmutzungen. Darunter fallen Essensreste, umgefallene Dosen oder Flaschen, aber auch beschmierte Sitze und Fenster. Zur Reinigung des Fahrgastraums gehört auch die Desinfektion von Griffen, Haltestangen oder der Knöpfe der Türöffner.

Eine Straßenbahn auf Reisen

30

Bitte nicht einsteigen!

Tritt bei einer Straßenbahn ein Defekt auf, der an Ort und Stelle nicht mehr behoben werden kann, wird sie in aller Regel abgeschleppt. Ist das nicht mehr möglich, muss sie ihr gewohntes Schienenbett verlassen. Das trifft auch zu, wenn Straßenbahnen in eine andere Stadt oder ins Ausland verkauft werden. Dann kommen Spezialtransporter zum Einsatz. Sie sind auch erforderlich, wenn Straßenbahnen ihre Produktionshallen verlassen und an einen Verkehrsbetrieb ausgeliefert werden sollen.

Die Straßenbahn wird mit hydraulischen Winden über Schienenrampen auf den Auflieger gezogen und dort gesichert. Dieser Schwertransporter ist mit einem 3-Achs-Satteltiefbettauflieger ausgestattet, dessen Nutzlast bis zu 90 Tonnen ausgebaut werden kann. Sein Tiefbett ist ausziehbar und kann mit Zwischenstücken verlängert werden. Schwertransporte dieser Art sind grundsätzlich nur mit einer Sonderbewilligung möglich.

Bodenwellen sollten gemieden werden

Im Bild unten ist gut sichtbar, dass der Satteltiefbettauflieger in der Mitte stark durchhängt. Die Ladebrücke wurde für die erste Verladung nicht ausreichend vorgespannt, was zu diesem Fehler führte. Der Grund war, dass zunächst falsche Angaben über das Gewicht des Triebwagens Be 4/6S vorlagen. Die Tram musste also nochmals abgeladen und die

Mit diesem Spezialtransporter wird Be 4/6S 675 zu einem Verladeplatz gebracht. Eine Bodenwelle könnte das Unterfangen allerdings schnell beenden … Bild: Markus Wagner

Be 4/6 105 der Baselland Transport AG (BLT) verlässt den heimatlichen Boden. Der Triebwagen wird mit einem Spezialkran auf Eisenbahnwagen gehoben. Bild: Markus Wagner

Ladebrücke stärker vorgespannt werden. Am Verladeplatz werden die Be 4/6S auf Wagen der Eisenbahn gehoben. Die Basler Verkehrsbetriebe haben Fahrzeuge der Serie Be 4/6S 659 – 686 an die bulgarische Hauptstadt Sofia verkauft. Auch Serbiens Hauptstadt Belgrad hat Be 4/6 Duewag und B4 Beiwagen von den BVB erhalten.

Trotz großer Proteste Oldtimertram abgegeben

Die Tram Be 4/6 105 der Baselland Transport AG sollte eigentlich in Basel als Oldtimer bleiben. Nach einer gründlichen Revision wurde sie extra in der hellgelben Farbe der ehemaligen Birseckbahn lackiert. Trotz großer Proteste wurde dieses Triebfahrzeug nach Belgrad abgegeben. Man hatte festgestellt, dass nicht ausreichend Platz vorhanden war, den Be 4/6 in einem Depot abzustellen. Noch immer hofft man, dass das Fahrzeug nach Basel zurückgeholt werden kann.

Wussten Sie schon?

Bei einem modernen Satteltiefbettauflieger sind schienenähnliche Profile in unterschiedlichen Abständen montiert. Auf diese Weise können Schienenfahrzeuge in nahezu allen gängigen Spurweiten transportiert werden.

Unfälle mit Straßenbahnen

31

Pkw als Hauptverursacher

Niemand spricht gerne darüber, aber es gibt sie. Unfälle mit Straßenbahnen sind nicht so selten, wie vielleicht vermutet wird. Wesentliche Erkenntnis ist, dass in den wenigsten Fällen Straßenbahnen Verursacher der Unfälle sind. Als Hauptverursacher gelten Pkw, gefolgt von Fußgängern.

In seiner jährlichen Auswertung ermittelte das Statistische Bundesamt 2020 in Deutschland 1.419 Unfälle, an denen Straßenbahnen mit Personen- und schwerwiegenden Sachschäden beteiligt waren. Darunter befanden sich auch 26 Unfallflüchtige.

Städte mit den meisten Straßenbahnunfällen

In einer Analyse des Gesamtverbandes der Deutschen Versicherungswirtschaft, GDV e.V., sollte zudem festgestellt werden, welche Verkehrsteilnehmer wann und in welcher Situation in einen Unfall mit einer Straßenbahn verwickelt waren. Bei dieser Forschungsarbeit wurden deutsche Städte nach Gefährlichkeit sortiert und die bei den Unfällen Getöteten oder Schwerverletzten in Abhängigkeit zu Streckenkilometer sowie pro 10.000 Einwohner gebracht. Es handelt sich hierbei um die erste Untersuchung in Deutschland in diesem Umfang. In diesem „Ranking"

Das war kein Unfall! Hier handelt es sich um eine groß angelegte Rettungsübung. Der Be 4/6 Duewag mit der Betriebsnummer 136 wurde von Kränen auf die Seite gelegt. Bild: Markus Wagner

Diesmal ist die Szene nicht gestellt! Mit hoher Geschwindigkeit fuhr im Kanton Baselland eine Straßenbahn nicht geradeaus, sondern in eine Wendeschleife. Dabei ist sie entgleist und in ein Einfamilienhaus gekracht. Bild: Markus Wagner

liegt Karlsruhe auf Platz eins, gefolgt von Freiburg, Köln, Chemnitz, Magdeburg, Nürnberg, Augsburg, Düsseldorf und Dresden. Zwickau liegt auf Platz zehn. Als sicherste Stadt Deutschlands wurde Halberstadt in Sachsen-Anhalt ermittelt. In Bezug auf die gefährlichsten Stellen hat sich gezeigt, dass Kreuzungen und Einmündungen mit 86 Prozent beziffert werden müssen, gefolgt von Gleisen in Mittellage auf mehrspurigen Straßen. 45 Prozent der Unfälle werden von Pkws verursacht und 22 Prozent durch Fußgänger. Straßenbahnen selbst liegen bei nur 16 Prozent.

Was tun mit diesen Erkenntnissen?

Durch diese Studie konnten Maßnahmen entwickelt werden, mit denen Unfälle künftig verhindert oder zumindest stark reduziert werden können. Aus der Erhebung wurden Empfehlungen, aber auch Konzepte für die Änderung und vor allem für den Neubau von Strecken der Straßenbahnen erarbeitet. Auch Rad- und Fußwege sowie Straßen profitieren davon. Einiges konnte bereits umgesetzt werden.

Straßenbahnen verschrotten

32

Die Frage ist nur: Wie?

Lange Jahre leisteten die Straßenbahnen der Verkehrsbetriebe ihren Dienst. Der harte Einsatz beanspruchte das Material. Die intensive Nutzung, meist den ganzen Tag, sieben Tage die Woche, hinterlässt unweigerlich Spuren. Ist das Ende der Dienstzeit erreicht, werden die meisten Fahrzeuge verschrottet. Die Frage ist hier nur, was ist sach- und vor allem umweltgerecht?

In den Zeiten der Weltkriege wurden mancherorts zerstörte Straßenbahnen auf offener Straße regelrecht ausgeweidet und alles Brennbare den Flammen übergeben. In den Jahren nach dem Zweiten Weltkrieg, als alte Autoreifen und Kühlschränke zuhauf heimische Waldränder säumten, waren solche Verbrennungsaktionen noch regelmäßig zu sehen. Auf sogenannten „Aschegleisen" mancher Abstell- und Schrottplätze wurden ausrangierte Straßenbahnen bewusst angezündet und vollkommen niedergebrannt. Nach diesem flammenden Inferno blieben nur Bauteile aus Metall zurück, die später abgebrochen und zur Verwertung als Alteisen abtransportiert wurden.

Heute in unseren Breiten völlig undenkbar, war diese Form der Verschrottung jedoch einmal häufig zu beobachten. Bild: Kurt G. Rasmussen

Eine ausgemusterte Bim wird bei der Firma Scholz in Laxenburg verschrottet. Das Fahrzeug wird zunächst in kleinere Teile gerissen. Foto: www.thomasjantzen.com

Die Verschrottung heute

Am Ende eines Straßenbahnlebens stehen noch immer, wie bei den Autos auch, Schrottpresse und Hochofen. Nur wenige entrinnen diesem Schicksal. Sie werden von Vereinen oder Museen wieder zu neuem Leben erweckt und bleiben uns damit als Zeitzeugen erhalten.

Gemäß bestehender Umweltauflagen müssen die Fahrzeuge so weit wie möglich zerlegt und nach Materialien sortiert werden. Da diese Arbeiten meist vollständig von Hand ausgeführt werden, ist die Materialtrennung kostspielig. Ein gewisser Erlös steht dem jedoch gegenüber. Materialien wie Kupfer oder Messing sind teuer und werden nach Gewicht bezahlt. Der weitestgehend „sortenreine“ Körper des ausgemusterten Straßenbahnwagens wird dann mit Tiefladern zum Schrottplatz befördert und dort zunächst in Teile gerissen, da nur ein bestimmtes Volumen in die hydraulischen Schrottpressen passt. Die Schrottteile werden in diesen Pressen in ihrer Größe erheblich reduziert und zu Quadern gepresst. Mit ihnen schließt sich der Kreis. Damit wieder frischer Stahl für neue Straßenbahnen produziert werden kann, wird in den Hochöfen zum Eisenerz Stahlschrott beigemengt.

Aus Alt mach Neu

33

Das Wunder einer Restaurierung

Nur selten fällt nach der Ausmusterung eines Straßenbahnfahrzeuges die Entscheidung, es zu erhalten. Dann muss geklärt werden, ob das Fahrzeug in einem Museum als reines Standmodell ausgestellt wird oder ob die Zulassung für die Schiene wieder erreicht werden soll. Dabei hilft die Analyse am Fahrzeug selbst, aber auch – wie so oft – das zur Verfügung stehende Budget. Viele dieser Vorhaben scheitern jedoch an den erforderlichen Mitteln.

Ist der zur Verfügung stehende Betrag für eine Restaurierung aber groß genug, kann im Prinzip nahezu jedes Fahrzeug wieder aufgebaut werden. Doch ist es das, was ein richtiger Straßenbahnliebhaber wirklich sehen will? Es soll doch von der alten Substanz eines historischen Fahrzeuges so viel wie möglich erhalten bleiben und gezeigt werden. Grundsätzlich sind diese Restaurierungen ausgesprochen teuer, nahezu alle Arbeiten müssen einzeln und von Hand ausgeführt werden. Glücklicherweise gibt es aber immer wieder zahlreiche ehrenamtliche Helfer, die sich und ihre Fähigkeiten dafür kostenfrei zur Verfügung stellen.

Einem Oldie wieder Leben einhauchen

Wenn Oldies der Schrottpresse und dem Hochofen entkommen, werden sie so weit wie erforderlich zerlegt. Unter Umständen hat sich Rost durch die Bleche gefressen, Moder das hölzerne Gerippe aufgeweicht und Schimmel kriecht an den Kanten entlang. Schadhafte Stellen müssen grundsätzlich professionell bearbeitet werden. Sind Rost, Moder oder Schimmel nicht vollständig entfernt, können sie sich weiter fortsetzen und nach der Restaurierung verhältnismäßig schnell wieder in Erscheinung treten. Erst dann wird übrigens wirklich sichtbar, wie viel der alten Substanz tatsächlich übrig bleibt. Manchmal wird erst zu diesem Zeitpunkt klar, dass dieses Fahrzeug nicht mehr zu retten ist. In wessen Hände eine Restaurierung gegeben wird, ist eine wesentliche Frage. Nicht jeder ist in der Lage, ein wertvolles Fahrzeug wirklich professionell herzurichten. Für die Rekonstruktion von historischen Fahrzeugen ist eine besondere Expertise notwendig. Jahrelang gesammeltes Wissen und Erfahrungen fließen in die Arbeit ein. Wenn am Ende das Fahrzeug wieder in Betrieb genommen werden soll und es wirklich zu neuem Leben erwacht, war kein Arbeitsschritt zu viel.

Nur noch ein Gerüst des alten Straßenbahnwagens ist geblieben, jetzt geht die Arbeit erst richtig los. Exponat: MVG Museum. Bild: Stefan Friesenegger

Preisliches

Im Wesentlichen entscheidet der Preis, in welche Richtung die Reise geht. Bis zu einem mehrfachen sechsstelligen Betrag kann eine ordentliche Restaurierung kosten, gut 100.000 Euro sind das allein, um einen motorlosen Beiwagen wieder auf die Gleise zu stellen. Dazu sind oftmals langwierige Debatten notwendig, Stadträte müssen überzeugt werden, damit sie den Geldern zustimmen. Meist ist das Unterfangen jedoch ohne Spendengelder gar nicht möglich. Eine moderne Form der Hilfe sind auch Patenschaften. Viele teilen glücklicherweise die Auffassung, dass die historischen Fahrzeuge der Straßenbahnen erhalten werden müssen, denn jeder dieser alten Wagen erzählt eine lange Geschichte.

„Zurück in die Zukunft"

Am Ende sind sehr viel Arbeit und Geld in ein altes Fahrzeug geflossen. All diese Arbeiten haben das Ziel, das historische Straßenbahnfahrzeug wieder in seinen Auslieferungszustand zu versetzen, die Fahrtüchtigkeit zu erlangen und damit den geschichtlichen Wert zu erhalten. Straßenbahnen haben eine lange Tradition, die unbedingt bewahrt werden muss. Letztendlich sollen die Fahrzeuge weiterhin in Museen, vor allem aber bei Sonderfahrten, auf der Schiene bewundert werden können.

Straßenbahnen beim TÜV

Eine Prüfung auf Herz und Nieren

34

In Deutschland werden die Zulassung und der Betrieb von Straßenbahnen in der Verordnung über den Bau und Betrieb der Straßenbahnen, der Straßenbahn-Bau- und Betriebsordnung (BOStrab) geregelt. Darin ist festgelegt, dass der Betreiber dafür sorgen muss, die Anforderungen der Sicherheit und Ordnung zu erfüllen (§ 7 BOStrab).

In § 57 BOStrab ist als Mindestanforderung geregelt, welche Fristen für eine Inspektion einzuhalten sind. Für die Fahrzeuge sind das etwa alle 500.000 Kilometer oder acht Jahre. Reguläre Wartungsfristen sind nach Herstellervorschrift natürlich viel kürzer. Im Gegensatz zur Straßenverkehrsordnung kennt die BOStrab jedoch keine regelmäßigen Fahrzeugbegutachtungen durch unabhängige Stellen. Eine solche würde derzeit nur im Einzelfall wie etwa im Rahmen von Unfallreparaturen oder auf Anordnung der zuständigen Technischen Aufsichtsbehörde (TAB) durchgeführt werden. Durch den TÜV werden keine Regeluntersuchungen von zugelassenen Straßenbahnen durchgeführt. Im europäischen Ausland geltende Regeln sind mit denen in Deutschland vergleichbar.

Der Be 4/6S 669 hatte eine Kollision. Jetzt steht er bereit zum Lackieren und wird im Anschluss von einer unabhängigen Stelle geprüft. Bild: Markus Wagner

35 Die steilsten Deutschlands

Wer hat die steilste Strecke im ganzen Land?

Schienenfahrzeugen mit Adhäsionsantrieb sind auf Neigungsstrecken Grenzen gesetzt. Auf ihnen müssen die Fahrzeuge so ausgestattet sein, dass sie unter allen vorstellbaren Verhältnissen rechtzeitig anhalten können. Auf kurzen Abschnitten können auch höhere Neigungen bezwungen werden.

Ulm hat mit 7,7 Prozent auf rund 300 Meter eine Straßenbahn-Steilstrecke. Seit der letzten Streckensanierung liegt Plauen bei ebenfalls 7,7 Prozent. Mainz punktet mit einer Steigung von 9,6 Prozent. Eine lange Steilstrecke für Straßenbahnen ist mit 9,1 Prozent in Würzburg zu finden. Dazu wurden die Straßenbahnfahrzeuge mit einem speziellen Antrieb und entsprechenden Bremsen ausgestattet. Auch die ehemalige Linie 15 in Stuttgart hatte in puncto Steigung viel zu bieten. Ein kurzer Streckenabschnitt „Am Perlachberg" in Augsburg liegt bei 10,63 Prozent. Hier fahren die Straßenbahnen jedoch ausschließlich bergab. Zu den steilsten Strecken in Deutschland zählen die Städte Remscheid mit 10,8 Prozent und die ehemalige Neunkircher Straßenbahn mit knapp über 11 Prozent.

Das sieht gar nicht so wild aus. Mit 10,63 Prozent gilt der Streckenabschnitt „Am Perlachberg" in Augsburg aber zu den steilsten in Deutschland.
Bild: Stefan Friesenegger

Die Steilsten der Welt

36

Straßenbahnen mit Adhäsionsantrieb

Die Straßenbahn in Gmunden zählt mit einer Streckenneigung von zehn Prozent zu den steilsten Adhäsionsstraßenbahnen der Welt. Die meist eingleisige Straßenbahnlinie mit einer Spurweite von 1.000 mm wurde 1894 eröffnet. Eigentümer ist die Gmundner Straßenbahn GmbH, die Betriebsführung liegt bei Stern & Hafferl Verkehrgesellschaft mbH. Anhand der Streckenlänge, der Mitarbeiterzahl und der Anzahl der Wagen zählt sie auch zu den kleinsten Straßenbahnbetrieben der Welt. Unter den mit 600 V Gleichstrom angetriebenen zwei zwei- und drei vierachsigen Triebwagen befinden sich auch Museumswagen. Auf der ausgesprochen kurzen Streckenlänge von 2,543 Kilometer werden jährlich etwa 310.000 Fahrgäste befördert. Auf der „Linie G“ wird in einem 15- bzw. 30-Minuten-Intervall gefahren. Mit der Inbetriebnahme der Straßenbahn wurden auch die Gmundner Haushalte mit einer elektrischen Beleuchtung versorgt.

Ein historischer Wagen des Gmundner Straßenbahnbetriebes auf einer Sonderfahrt. Bild: Stern&Hafferl

Neben den vierachsigen Niederflur-Gelenktriebwagen der Bombardier in Wien ist auch der 2010 revitalisierte Bergbahnwagen VIII auf dieser Steilstrecke unterwegs. Foto: LINZ AG

Österreichs Straßenbahnschätze bieten zahlreiche Besonderheiten. Eine weitere ist die Pöstlingbergbahn in Linz. Auch sie zählt zu den steilsten Adhäsions-Straßenbahnen der Welt. Ihre maximale Neigung beträgt an einem Streckenabschnitt satte 116 Promille! Der Pöstlingberg ist von jeher ein beliebtes Ausflugsziel. Ursprünglich war eine dampfbetriebene Bahn mit Zahnradantrieb auf den Pöstlingberg geplant. Mit dem Bau eines Kraftwerkes und der frühen Elektrifizierung der Straßenbahn in Linz entschied man sich jedoch für eine elektrisch betriebene Adhäsionsbahn. Bereits 1898 wurde die Bergbahn mit einer Spurweite von 1.000 mm eröffnet. Die Streckenlänge beträgt zu dieser Zeit knapp drei Kilometer. Seit 2009 ist die Strecke auf 900 mm umgespurt sowie an den Hauptplatz in der Linzer Innenstadt und damit an das Straßenbahnnetz angebunden. Betreiberin ist die Linz AG Linien. Die Bergbahnen verkehren im 15- bzw. 30-Minuten-Takt. Ihre Höchstgeschwindigkeit erreichen die Fahrzeuge mit 25 km/h. Restaurierte Altfahrzeuge wie etwa Sommertriebwagen oder Museumstriebwagen ergänzen den umfangreichen Fuhrpark. Für die Fahrt auf den Pöstlingberg ist ein eigenes Ticket erforderlich. In der Talstation wurde im Rahmen der Umspurung, bei der der Oberbau der Gleise vollkommen neu errichtet wurde, ein Museum der alten Pöstlingbergbahn eingerichtet. Der Eintritt ist frei.

Wussten Sie schon?

Im Vergleich zur Semmeringbahn mit einer Steigung von 2,5 Prozent liegt die Gmundner Straßenbahn bei zehn Prozent. Die steilste Straßenbahn Österreichs fährt in Linz. Eine Straßenbahnlinie in Lissabon erreicht auf einem kurzen Streckenabschnitt sogar 135 Promille, also 13,5 Prozent.

Das höchste Tram Europas

Kleines Superlativ Riffelalptram

37

Die als höchstgelegene Straßenbahn Europas beworbene Riffelalptram im Kanton Wallis wurde 1899 eröffnet. Mit einer Betriebslänge von 468 Metern galt sie zugleich als die kürzeste ihrer Art in der Schweiz. Auf einer Spurweite von 800 mm verkehrten die von den Eisenwerken Bern produzierten Wagen zwischen dem Bahnhof Riffelalp und dem Hotel Riffelalp, das mit einer Höhe von 2.222 Meter NHN angegeben ist. Der Betrieb der Straßenbahn fand ausschließlich in den Sommermonaten statt. Als 1898 die Gornergratbahn eröffnet wurde, kam kein direkter Anschluss an das Hotel zustande. Deshalb richtete der findige Hotelbesitzer seine Tram als Verbindung zwischen der Zahnradbahn und dem Hotel nach zahlreichen Verhandlungen selbst ein. Zu diesem Zeitpunkt kam der Fahrstrom noch aus einer Oberleitung.

Was das Feuer nicht zerstörte, schaffte die Zeit

In den Kriegsjahren wurde der Betrieb vorübergehend eingestellt. Zu einem erneuten Stillstand kam es durch einen Großbrand, bei dem das Hotel vollständig zerstört wurde. Zwar blieben die Fahrzeuge der Tram vom Feuer verschont, an einen Betrieb war nicht mehr zu denken. Über viele Jahre wurden die beiden Motorwagen und ein Rollwagen untergestellt. An Wagen und Gleisanlagen nagte jedoch der Zahn der Zeit. Beim Wiederaufbau des Hotels sollte auch die Tram wieder fahren. Dazu mussten die Gleisanlagen neu errichtet werden. Aufgrund der inzwischen veralteten elektrischen Anlagen wurde die Oberleitung nicht mehr hergestellt. Stattdessen wurden die beiden neu aufgebauten elektrischen Triebwagen nun von Akkumulatoren mit Strom versorgt. Auch der Beiwagen für den Transport von Gepäckstücken der Gäste und Güter wurde vollständig neu aufgebaut. Beim Neubau wurde die Strecke erweitert und eine großzügige Wendeschleife angelegt, die den Gästen einen grandiosen Ausblick bietet. Dadurch beträgt die Betriebslänge nun 675,31 Meter. Die Eröffnung erfolgte im Jahr 2001. Das Riffelalptram (RiT) besteht heute aus zwei Akku-Sommertriebwagen mit offenen Plattformen. Die zweiachsigen Fahrzeuge bieten für maximal 22 Fahrgäste bei einer Fahrzeuglänge über Puffer von 5.300 mm Platz. Die zugelassene Höchstgeschwindigkeit wird mit zehn km/h erreicht. Die Fahrzeuge des Herstellers STIMBO aus Zermatt sind mit elektrischen Bremsen ausgestattet. Auf diese Weise können die Batterien wieder mit Strom versorgt werden.

So sah es hier einmal aus: Auch die Oberleitung ist noch vorhanden.
Die Riffelalptram wartet auf den Zug der Gornergratbahn an der Station Riffelalp.
Bild: J. Sager, Sammlung Egon Minikus

Wagen der neuen Generation seit 2001. Die Streckenhöhe ist ein Superlativ, die Kulisse jedoch auch. Bild: Detlev Brucker, Poing

Die längsten Linien

Besonderheit Überlandstraßenbahnen

38

Es müssen nicht immer S-Bahnen oder Züge sein, die von einer Stadt in eine andere fahren. Sogenannte Überlandstraßenbahnen überwinden auf so manchen Strecken große Entfernungen, wie etwa auf der längsten einzelnen Linie der Welt, der Kusttram in Belgien, deren Streckenlänge 68 Kilometer beträgt.

Im klassischen Sinne verkehren Straßenbahnen auf ihren Netzen innerhalb einer Stadt. Die Überlandstraßenbahn kann sowohl ihr innerstädtisches Netz bedienen als auch im Regionalbereich unterwegs sein. Dazu verlässt sie ihre Stadtgrenze. Daraus entwickelt sich eine definitorische Unschärfe, denn immer häufiger wachsen Städte an die Grenzen anderer Städte heran. Damit ist eine Straßenbahn nicht mehr zwangsläufig eine Überlandstraßenbahn. Oftmals wird eine Straßenbahnlinie auch mit einer Eisenbahnlinie kombiniert. Diese Systeme gelten ebenfalls nicht als Überlandstraßenbahn. Eine Überlandstraßenbahn unterscheidet sich durch zahlreiche Merkmale von einer Straßenbahn des innerstädtischen Betriebes.

Viele Strecken wurden eingestellt

Ihre größte Verbreitung erreichten Überlandstraßenbahnen zu Beginn des 20. Jahrhunderts. Sie wurden oftmals anstelle von Bahnlinien, aber auch von Klein- oder Lokalbahnen eingesetzt. Ihre Anschaffung,

Der rnv-Triebwagen 4138 fährt in den Bahnhof Käfertal ein. Die Garnitur der Linie 5 bedient als Überlandstraßenbahn Weinheim–Mannheim–Heidelberg. Bild: © Hans-Peter Kurz

Auf einer Länge von 41 Kilometern fahren die Duewag B-Wagen der U79 zwischen Düsseldorf und Duisburg 49 Haltestellen an. Die Überlandstraßenbahn ist hier als Stadtbahn ausgewiesen. Bild: Christian Lücker

ihr Betrieb sowie ihre Unterhaltung sind meist kostengünstiger. Auch in der Handhabung sind sie einfacher als Eisenbahnen. Das gilt auch für ihre Trassen. Diese sind im Aufbau leichter und waren zumindest früher oftmals nur eingleisig geführt. Zahlreiche Überlandstraßenbahnen mit Normalspur bedienten sogar den Güterverkehr. Die Triebwagen der Straßenbahnen wurden als Zuglok verwendet. Auch leichte Lokomotiven der Bahn fuhren zur Güterbeförderung auf den Schienen der Straßenbahnen. Wie bei der Eisenbahn auch, wurden viele Strecken eingestellt und deren Betrieb durch Busse ersetzt. Geregelt sind die Anlagen der Überlandstraßenbahnen in der BOStrab.

Wussten Sie schon?

Auf längeren Streckenabschnitten müssen Strom-Unterwerke eingesetzt werden, um die Fahrleitung mit ausreichend Strom zu versorgen. Um die Anzahl der Unterwerke zu reduzieren, wird mancherorts die Spannung im Fahrdraht erhöht.

Die längste der Welt

Die Kusttram verbindet 68 Stationen

39

Eine Straßenbahnlinie immer an der Küste entlang, das allein ist schon außergewöhnlich. Sie ist als einzelne Linie mit einer Streckenlänge von 68 Kilometern und 68 Stationen aber zudem auch noch die längste der Welt. Diese Überlandstraßenbahn trägt den niederländischen Namen „Kusttram“, also Küstenstraßenbahn.

Ein Streckenabschnitt der heutigen Küstenstraßenbahn stammt noch aus der Zeit einer mit Dampf betriebenen Überlandstraßenbahn. Eröffnet wurde diese Strecke im Jahr 1885. Nach einer etappenweisen Erweiterung der Strecke wurde noch vor dem Ersten Weltkrieg mit der Elektrifizierung begonnen. Betreiber war die Nationale Kleinbahngesellschaft, die „Nationale Maatschappij van Buurtspoorwegen“ (NMVB).

Zukunftsorientiert und modern

Der Betrieb bestand ursprünglich aus zwei Linien. Viele Jahre verkehrten die Züge meist im Stundentakt. Die Steigerung der Attraktivität des Fahrplanangebotes führte zu einem spürbaren Anstieg der Fahrgastzahlen. Mit der Verbesserung des Betriebes wurden unter anderem die bis dahin einfachen Gelenkwagen umgebaut. Sie wurden vollständig modernisiert und erhielten ein Niederflur-Mittelteil. Die Fahrzeuge werden mit einer Spannung von 600 V Gleichstrom betrieben. Eine Nummer trägt

Der Kusttramwagen N° 6015 fährt zwischen Middelkerke und Raversijde. Bild: de Rond Hans und Jeanny

Die Kusttram mit Wagen N° 6049 am Yachthafen und der Kathedrale kurz vor der Haltestelle Oostende Station. Bild: de Rond Hans und Jeanny

die Straßenbahnlinie nicht, da sie die einzige ist. Das durchgehend zweigleisige Streckennetz wurde weiter ausgebaut, 1996 fand die Eröffnung des letzten Abschnittes statt. Heute verbindet die Linie Knokke-Heist an der niederländischen Grenze mit De Panne, dem westlichsten Punkt Belgiens nahe der Grenze zu Frankreich. Die Gesamtfahrzeit für eine einfache Strecke wird mit zwei Stunden und 23 Minuten angegeben. Zu stark frequentierten Zeiten wie etwa in den Sommermonaten werden die Fahrzeuge der Kusttram im Zehn-Minuten-Takt eingesetzt. Fahrkarten können an den Schaltern einiger größerer Stationen oder im Zug mit einem Aufpreis erworben werden. Die gesamte Fahrstrecke mit einer Spurweite von 1.000 mm besteht aus 15 Tarifzonen. Das Verkehrsunternehmen De Lijn ist heute Betreiber der Kusttram. An der Haltestelle von Knokke befindet sich ein Depot, in dem zahlreiche Oldtimer-Straßenbahnfahrzeuge ausgestellt sind.

Wussten Sie schon?

Reichen die zur Verfügung stehenden Wagen in Hochzeiten nicht aus, werden von den meterspurigen Nachbarbetrieben wie etwa Antwerpen Fahrzeuge ausgeliehen.

Pferde und die Straßenbahn

Mit zwei PS auf den Schienen

40

Weit vor dem Antrieb mit Dampfmaschinen oder gar elektrischen Motoren wurden Fuhrwerke und Kutschen von Tieren gezogen. Neben dem Esel oder dem Maultier eignete sich vor allem das Pferd für diese Aufgabe. Mit der Erkenntnis, den Rollwiderstand zu reduzieren, kamen erste Schienen ins Spiel. Räder, die sich für einen gestampften Boden eignen, müssen eine gewisse Breite aufweisen, damit sie bei schlechter Beschaffenheit oder Nässe nicht einsinken. Damit erhöht sich aber ihr Rollwiderstand. Stahlräder auf Stahlschienen weisen einen ausgesprochen niedrigen Rollwiderstand auf.

Die Pferdebahn ist damit der Vorläufer der Straßenbahnen und natürlich auch der Eisenbahn. Pferdebahnen gab es in Deutschland bereits vor der ersten Eisenbahn, dem „Alten Adler". In den 1880er-Jahren nahmen zahlreiche Pferdestraßenbahnen ihren Betrieb auf. In New York wurde die erste von Pferden gezogene Straßenbahn im Jahr 1832 eröffnet. Allein in Deutschland gab es etwa 100 Pferdestraßenbahnen.

Es sind noch Pferdebahnen im Regelbetrieb

Auf der Isle of Man verkehrt noch heute die Douglas Bay Horse Tramway im Regelbetrieb. Die rund 2,8 Kilometer lange Strecke verbindet die Endhaltestelle der Steam Railway mit der Manx Electric Railway. In die Schmalspur von drei Fuß, also 914 mm, wurde eigens zur Verminderung der Abnutzung der Gelenke und Hufe der Tiere eine dämpfende Laufspur aus Gummi eingearbeitet. Seit 1876 ist diese zweispurige Pferdestraßenbahn in Betrieb. Es gibt noch weitere Pferdestraßenbahnen, die jedoch meist museal oder als touristische Attraktion im Dienst stehen.

Abspringen, um auszusteigen?

Wer in London mit einem Bus mitfahren möchte, muss dies mit einem Handzeichen signalisieren. Das war schon bei den Pferdestraßenbahnen so, denn nur am jeweiligen Ende einer Strecke gab es Halteplätze, unsere heutigen Haltestellen. Auch das Aussteigen musste durch Zuruf angekündigt, teilweise regelrecht verlangt werden. Aufgrund der gefahrenen Geschwindigkeiten war übrigens das Auf- oder Abspringen von einer fahrenden Straßenbahn zulässig. Die Stadt Nürnberg richtete als eine der ersten deutschen Städte noch zur Zeit der Pferdestraßenbahnen Haltestellen ein. Der Stuttgarter

Bereits im gemischten Betrieb: Pferde- und Dampftramway am heutigen Liechtenwerderplatz um 1880. Bild: Bildarchiv/Wiener Linien

Straßenbahnbetrieb baute bereits 1878 Haltestellen und bot gleichzeitig seinen Fahrgästen an, auf Wunsch an jeder Stelle der Strecke zum Aus- und Einsteigen zu halten.

Das Ende der Pferdestraßenbahnen

Zahlreiche Betriebe rüsteten ihre Straßenbahnen um 1910 auf einen elektrischen Antrieb um. Der Erste Weltkrieg jedoch führte zu einer Verlangsamung dieser Aktivitäten. Aus Gründen der Materialknappheit wurden die Wagen der Pferdestraßenbahnen noch in den Anfangszeiten der bereits elektrisch betriebenen Straßenbahnen benutzt, meist als Anhänger. Die letzte Pferdestraßenbahn Deutschlands im Regelbetrieb fuhr noch bis 1949 auf der Insel Spiekeroog.

Wussten Sie schon?

Zum Schutz der Pferde entwickelte sich so manche, teils kuriose Idee. Da gab es Pferdestraßenbahnen, die an Haltestellen nicht ganz zum Stillstand gebracht wurden, damit die Tiere nicht wieder aus dem Stand anziehen mussten. Die Fahrgäste waren damit gezwungen, auf- oder abzuspringen. Auch die Geschwindigkeit der Tiere wurde festgelegt. So waren beispielsweise schnelle Gangarten untersagt und an Steigungsstrecken wurden zusätzliche Pferde vorgespannt. Aber auch das Einsatzalter der Pferde war geregelt.

Längster Dienst als Pferdebahn

Die Pferdebahn in Döbeln – eine Berühmtheit

41

Döbeln, heute große Kreisstadt, rund 50 Kilometer von Dresden gelegen, erhielt im Juli 1892 eine Pferdestraßenbahn. Die zunächst als Teilstrecke eröffnete Linie verband das Stadtzentrum Döbelns mit dem rund zwei Kilometer entfernten Bahnhof. Ende desselben Jahres war die meterspurige Strecke mit einer Länge von 2.450 Meter und elf Haltestellen fertiggestellt. Je nach Fahrgastaufkommen fanden täglich bis zu 66 Fahrten statt. Damit wurden allein im Jahr der Eröffnung knapp 100.000 Fahrgäste befördert. In den Wagen standen 19 Steh- und bis zu 14 Sitzplätze zur Verfügung. Sogar an eine Heizung wurde gedacht. Ein Kanonenofen versorgte die Fahrgäste an kalten Tagen mit etwas Wärme.

Erste Pferdebahn mit Postbeförderung

Als Pferdebahn versah sie in Europa am längsten ihren Dienst. Zudem beförderte sie als erste bereits 1892 die Post. 2007 wurde der museale Betrieb aufgenommen. Döbeln ist heute die einzige Stadt in Deutschland, in der eine historische Straßenbahn von einem Pferd auf ihrem eigenen Schienenbett durch die Innenstadt gezogen wird.

Die Döbelner Pferdestraßenbahn verrichtete den längsten Dienst in Europa. Bemerkenswert ist, dass der Obermarkt in Döbeln damals wie heute nahezu unverändert erhalten ist. Bild: Döbelner Pferdebahn e. V.

Die älteste Privattram

42

Die mit Kohle befeuerte Tram fährt noch heute

Sie ist die älteste noch betriebsfähige private Bahn. Mit einer Streckenlänge von nur 1,8 Kilometern gehört sie auch zu Deutschlands kürzesten Bahnen. 1887 wurde die Bahnlinie der Chiemsee-Bahn in Betrieb genommen. Auf einer Spurweite von 1.000 mm fährt die mit Kohle betriebene Dampftram von Mitte Mai bis Mitte September zwischen Hafen Prien/Stock und Bahnhof Prien.

Ein bedeutendes Kleinod

Die „Dampf-Tramway" mit einer Leistung von 44 kW stammt ebenfalls aus dem Jahr 1887. Ihre Höchstgeschwindigkeit liegt bei 25 km/h. Mit der Fabriknummer 1813 wurde sie bei Krauss in München gebaut und fährt bis heute ohne Probleme. 1950 erhielt sie einen neuen Kessel, 1960 wurde das Bremssystem der Wagen auf den Stand der Zeit gebracht. Das alte System in den Wagen ist jedoch noch vorhanden und kann benutzt werden. Die Betriebsführung übernahm 1887 die LAG in München, von 1888 bis 1961 die Chiemsee-Bahn Feßler & Comp. Interessant ist, dass es sich bei der Chiemsee-Bahn um die einzige noch verbliebene Dampftrambahn in Deutschland handelt. Seit 1962 gehört die Chiemsee-Bahn als Tochterunternehmen zu 100 Prozent zur Chiemsee-Schifffahrt Ludwig Feßler KG in Prien am Chiemsee.

Die Dampflokomotive Nr. 1813 von Krauss in München steht nunmehr seit über 130 Jahren im aktiven Dienst. Bild: Chiemsee-Schifffahrt Ludwig Feßler KG

Einer der kleinsten Betriebe

43

Mit der Kirnitzschtalbahn in den Nationalpark

Eine Straßenbahn, die keine Liniennummer trägt, gibt es nicht? In der Sächsischen Schweiz verkehrt die Kirnitzschtalbahn seit 1898 auf einem eingleisigen, meterspurigen Streckenverlauf und verbindet Bad Schandau mit dem Lichtenhainer Wasserfall. Dazwischen liegen sieben Haltestellen. Die einzige Straßenbahn in Deutschland ohne Liniennummer befördert auf dem heute 7,9 Kilometer langen Streckenverlauf in erster Linie Touristen.

Der Fuhrpark dieser Überlandstraßenbahn besteht bis heute ausschließlich aus zweiachsigen, älteren Fahrzeugen. Betreiber ist die OVPS, die Oberelbische Verkehrsgesellschaft Pirna-Sebnitz mbH. Erste Pläne für eine Pferdebahn gehen auf die Zeit um 1870 zurück. Doch mit dem Bau eines Kraftwerkes wurden gleich elektrisch betriebene Fahrzeuge eingesetzt. Die Kirnitzschtalbahn hat einen Brand im Depot, die damit verbundene Vernichtung aller Fahrzeuge, einige Stilllegungspläne, aber auch Unfälle und Hochwasser überstanden. Die Betriebsanlagen wurden vollständig erneuert.

Wussten Sie schon?

Als Sicherungssystem wird das Zugstabsystem eingesetzt. Wie in England auch, darf nur die Bahn einen der drei Streckenabschnitte befahren, die den „Token" mit den entsprechenden Einkerbungen hat.

Die Kirnitzschtalbahn setzt an der Haltestelle Kurpark in Bad Schandau um.
Bild: Martin Schneider

Kinderstraßenbahnen

44

Ach wie gut, dass niemand weiß …

Stuttgart bietet neben zahlreichen Straßenbahnlinien im Stadtbetrieb auch eine historische Kinderstraßenbahn. Seit 1931 dreht diese Straßenbahn für die Kinder der Betriebsangehörigen der SSB ihre Runden auf einer Spurweite von 600 mm.

Eine große Bahn für Kleine

Der Fuhrpark im Maßstab 1:2 besteht aus einem Triebfahrzeug aus dem Jahr 1931 und einem Beiwagen aus dem Jahr 1932. Der Rundkurs hat heute eine Länge von exakt 212,76 Metern und liegt am Rande des Degerlocher Waldes. Die von der SSB gebauten Fahrzeuge stellen einen Stuttgarter Straßenbahnzug etwa aus den 1930er-Jahren dar. Betreiber ist der Betriebsrat der SSB, er stellt auch die Fahrer. Die Instandhaltung der Fahrzeuge wie auch der Anlage wird von der SSB durchgeführt. Der elektrische Betrieb erfolgt über eine zweipolige Oberleitung.

Wussten Sie schon?
Weitere maßstäbliche Verkleinerungen sind in Frankfurt am Main, Düsseldorf und Mannheim auf dem Gelände der Jugendverkehrsschule zu finden. Sie alle werden elektrisch mit Lkw-Akkumulatoren betrieben.

Die Kinderstraßenbahn „Rumpelstilzchen" auf ihrer Rundstrecke in Stuttgart-Degerloch. Erkennbar ist die zweipolige Oberleitung. Bild: Stuttgarter Straßenbahnen AG

Die erste „Elektrische“

45

Berlin – ein Superlativ

In Berlin wurden bereits im frühen 19. Jahrhundert Pferdebusse eingesetzt. Die Fahrgastzahlen stiegen stetig, die Transportkapazitäten mussten erhöht werden. Im Jahr 1865 wurde die erste Pferdestraßenbahn eröffnet. Mit ihr wurden die Fahrten angenehmer und vor allem schneller. Nun trat auch eine erste polizeiliche Verordnung zum Betrieb der Pferdebahnen in Kraft. Zulässige Geschwindigkeiten, eine Dienstkleidung und die Fahrerlaubnis für das Personal waren jetzt geregelt.

Konkurrenz bekam die Pferdestraßenbahn 1881 durch eine von Werner von Siemens entwickelte elektrische Straßenbahn in Groß-Lichterfelde, heute ein Stadtteil Berlins. Sie gilt als die erste elektrisch betriebene, öffentliche Straßenbahn Deutschlands und zugleich weltweit. Die Elektrifizierung wurde nach kurzer Zeit von der gefährlichen Einspeisung aus den Fahrschienen auf den Oberleitungsbetrieb umgestellt. Um 1900 existierten zahlreiche Linien, deren Elektrifizierung bald abgeschlossen werden konnte. Die Linien waren noch farblich gekennzeichnet. Mit dem Ausbruch des Ersten Weltkrieges endete die rasante Entwicklung der Straßenbahn vorerst.

Die Linie 55 ist als letzte in West-Berlin im Einsatz. Der Typ TM 36 mit der Wagennummer 3566 in der Nähe der Kaiser-Wilhelm-Gedächtniskirche. Bild: W. Kramer, SLG Reuther

Straßenbahnen aus dem Hause Henschel, der heutigen Bombardier. Der Triebwagen 9007, GT8-11ZRL der BVG am Alexanderplatz. Bild: Kurt G. Rasmussen

Als 1929 die städtische Berliner Verkehrs-AG (BVG) gegründet wurde, wurden alle Linien zusammengeführt. Hinzu kamen die Buslinien und die Hoch- und Untergrundbahn. Das Streckennetz der BVG hatte zu diesem Zeitpunkt eine Länge von über 630 Kilometern. In den Folgejahren schrumpfte jedoch das Netz. Im Zweiten Weltkrieg mussten durch die zunehmende Kraftstoffknappheit auch die Straßenbahnen Aufgaben des Güterverkehrs übernehmen. Ende des Zweiten Weltkrieges kam der Straßenbahnbetrieb zum Erliegen.

Straßenbahnen der Außenbezirke, wie etwa die Woltersdorfer Straßenbahn, konnten noch 1945 ihren Dienst wieder aufnehmen. Aber auch in Berlin wurde noch im gleichen Jahr ein großer Teil des Streckennetzes wieder hergestellt. Mit der Teilung Berlins kam auch die Teilung der BVG. Die BVG-Ost des Sowjet-Sektors wurde 1969 zum VEB Kombinat Berliner Verkehrsbetriebe (BVB). Im Westen Berlins wurde der Ausbau der U-Bahnen und der Einsatz von Bussen gefördert. 1967 war es auch für die Linie 55, der letzten Straßenbahn in West-Berlin, vorbei. 1992 wurde der politisch geteilte Betrieb in die Berliner Verkehrsbetriebe zusammengeführt. Ab 1995 fuhren wieder erste Straßenbahnen im Westen Berlins. Die aktuelle Streckenlänge beträgt exakt 193,6 Kilometer. Das Netz ist damit das größte Deutschlands und das drittgrößte weltweit.

Kleinste Kommune mit Tram

Alte Schätze sind noch immer betriebsbereit

46

Um den Bewohnern in Woltersdorf im Landkreis Oder-Spree in Brandenburg einen Anschluss an das Streckennetz zu ermöglichen, wurde eine elektrische Straßenbahn gebaut. Am 17. Mai 1913 fand die feierliche Eröffnung statt. Die Linienführung ist bis heute unverändert erhalten geblieben.

Start- beziehungsweise Endpunkt der inzwischen über 100 Jahre alten Straßenbahnlinie ist Rahnsdorf. Der gesamte Streckenverlauf ist eingleisig. Gerade 16 Minuten dauert eine Fahrt von der einen zu der anderen Endhaltestelle. Für einen reibungslosen Ablauf des Betriebes sorgen 20 Mitarbeiter, die sich auch um den Erhalt der wertvollen und historischen Triebwagen kümmern. Dieser Betrieb ist einer der letzten in Deutschland, bei dem noch zweiachsige Wagen aus der DDR-Produktion eingesetzt werden. Die Gothawagen aus dem VEB Waggonbau Gotha leisten noch heute unermüdlich im Regelbetrieb ihren Dienst. In der Fahrzeughalle befindet sich eine kleine Ausstellung. Sie ist nicht öffentlich, kann aber nach Voranmeldung besichtigt werden. Im Rahmen einer Vereinheitlichung der Liniennummernvergabe für die Straßenbahnen von Potsdam, Strausberg, Schöneiche, Woltersdorf und Berlin im Jahr 1991 erhielt die Straßenbahn die Nummer 87. Angetrieben werden die Triebwagen mit 600 V Gleichstrom.

Der Erste Weltkrieg hätte beinahe ein Ende gesetzt

Der Fuhrpark mit den für die Normalspur ausgelegten Fahrzeuge der Woltersdorfer Straßenbahn ist ausgesprochen umfangreich. Darunter befindet sich auch ein 1943 gebauter Kriegsstraßenbahnwagen der AEG in Ürdingen. Seit Ende der 1970er-Jahre dient er als Fahrzeug für Sonderfahrten. Die beliebte Straßenbahn wird rege genutzt. Das Unternehmen ist damit gut aufgestellt. Das war jedoch nicht immer so. Nur knapp entging das Unternehmen im Ersten Weltkrieg und in der Weltwirtschaftskrise dem wirtschaftlichen Aus. Zwischen den Weltkriegen fand auch eine Beförderung von Postsäcken statt. Durch die verheerenden Bombenangriffe Ende des Zweiten Weltkrieges flüchteten unzählige Berliner Einwohner an den Stadtrand. Damit stieg die Fahrgastbeförderung überdurchschnittlich an. Ende des Krieges kam es bei heftigen Gefechten zu einem kurzen Stillstand des Straßenbahnbetriebes. Aber noch im gleichen Jahr konnte der Betrieb wieder aufgenommen werden.

Im November 1973 steht der Tw 16 der Woltersdorfer Straßenbahn (O&K/AEG 1913, ehemals Tw 10, der Umbau erfolgte 1969) am S-Bahnhof Rahnsdorf. Bild: Kurt G. Rasmussen

Zahlreiche Besonderheiten in Woltersdorf

Bei einer Streckenlänge von 5,6 Kilometern und mit insgesamt elf Haltestellen gehört sie zu den kürzesten Straßenbahnlinien Deutschlands. Dafür ist ihre Geschichte sehr lang. Mit etwas über 8.000 Einwohnern ist Woltersdorf die kleinste Kommune in Deutschland mit einer eigenen Straßenbahn. Heute wie damals wird diese Straßenbahnlinie gerne von den Erholungssuchenden um Woltersdorf, vor allem aber von den Berlinern, genutzt. Immerhin, 650.000 Fahrgäste sind das durchschnittlich pro Jahr. Die wunderschöne wald- und seenreiche Landschaft sowie die Woltersdorfer Schleuse ziehen ebenfalls zahlreiche Gäste an. Auch als Zubringer zur Berliner S-Bahn spielt sie eine Rolle. Die Woltersdorfer Straßenbahn ist ein Partner im Verkehrsverbund Berlin-Brandenburg. Sie verkehrt täglich im Berufsverkehr im Zehn-Minuten-Takt, ansonsten im 20-Minuten-Takt. In den schwächeren Verkehrszeiten wird aber auch im 40-Minuten-Takt gefahren.

Wussten Sie schon?

Die Woltersdorfer Straßenbahn bietet noch eine Besonderheit. Aus den ersten Tagen dieses Straßenbahnbetriebes ist noch heute ein Zug in einem betriebsfähigen Zustand erhalten.

Dresdens früher Start

Auf breiter Spur unterwegs

47

Dresdens Geschichte des öffentlichen Nahverkehrs begann 1838, zunächst jedoch mit Pferdeomnibussen. Erste Pferdestraßenbahnen waren ab 1872 in der sächsischen Landeshauptstadt im Parallelbetrieb zu den Bussen im Einsatz. Eine Londoner Straßenbahngesellschaft pachtete 1879 die Linie, erweiterte die Strecke und setzte eigene Wagen in gelber Lackierung ein.

Zehn Jahre später wurde in Dresden die Deutsche Straßenbahn-Gesellschaft gegründet, die parallel zur Tramways Company of Germany Ltd. die „Rote Linie“ betrieb. Ihr ist bereits 1893 der Betrieb der ersten elektrischen Straßenbahn in Dresden zuzuschreiben. 1894 erfolgte die Übernahme der „Gelben“ und die Gründung der Straßenbahngesellschaft-Dresden. Die Elektrifizierung der Strecken wurde weiter vorangetrieben, das Netz weiter ausgebaut.

Dresden und die besondere Spurweite

Die Stadt Dresden übernahm die Führung des öffentlichen Nahverkehrs und wurde im Jahr 1906 zur Städtischen Straßenbahn zu Dresden. Zahlreiche Umbauten am gesamten Streckennetz erfolgten und damit auch eine Vereinheitlichung der verschiedenen Spurweiten.

Ein Tatra T4D neben einem Einheitstriebwagen ET54 am Endpunkt Übigau. Im Hintergrund das ehemalige VEB Transformatoren- und Röntgenwerk (TuR). Bild: DVB AG

Die Fahrzeuge sind heute in den Stadtfarben Schwarz und Gelb lackiert. Der Niederflur-Gelenktriebwagen der Baureihe NGT D8 DD ist 30 Meter lang. Bild: DVB AG

Daraus entstand die gegenüber der Normalspur um 15 mm breitere Spurweite von 1.450 mm. Sie ist damit in Deutschland eine Besonderheit. Die Städtische Straßenbahn wurde 1930 zur Aktiengesellschaft.

Von der schweren Zerstörung im Zweiten Weltkrieg war auch die Straßenbahn betroffen. Ihr Netz wurde weitestgehend zerstört. Mit der Wiederherstellung wurden jedoch zahlreiche Streckenabschnitte oder ganze Strecken nicht mehr aufgebaut. Ab 1968 kamen tschechoslowakische Tatra-Wagen in den Fuhrpark. Da die Serienfahrzeuge zu breit waren, wurden eigens für die Dresdener Verkehrsbetriebe 300 mm schlankere Fahrzeuge produziert. Zahlreiche Strecken erfuhren bis 1990 eine Kürzung oder gar die Stilllegung. Die Dresdner Verkehrsbetriebe AG (DVB) baute jedoch wieder ihre Straßenbahnstrecken aus. Auch neue Linien kamen hinzu. Aktuell werden zwölf Straßenbahnlinien auf einem 213 Kilometer langen Streckennetz betrieben. 18 der historischen Tatra-Straßenbahnfahrzeuge sind noch erhalten. Sie leisten in der Regel im Studentenverkehr auf der Linie 3 und bei Großveranstaltungen ihren aktiven Dienst.

Die „Kultourlinie 4"

Wenn Dampfzüge Straßenbahnen kreuzen

48

Seit der Einweihung der schmalspurigen Eisenbahnstrecke im Jahr 1884 dampft es im Nordwesten der Landeshauptstadt Sachsens. Die Strecke der Lößnitzgrundbahn führt von Radebeul bis Radeburg. Nur wenige Meter nach dem Bahnhof Radebeul Ost überquert sie an der Station „Weißes Ross" eine Straßenkreuzung und kreuzt damit die Straßenbahnschienen der Linie 4. Die von der DVB AG auch als „Kultourlinie 4" bezeichnete Straßenbahn muss allerdings halten, wenn der „Lößnitzdackel" kommt.

Bereits 1966 sollte die Schmalspurbahn stillgelegt werden. Das Verkehrsministerium entschied sich aber für den Erhalt der Bahnen für den Tourismus. Der Güterverkehr allerdings wurde eingestellt. Mit dem Übergang der Strecke zur Deutschen Bahn AG (DB AG) drohte abermals das Aus. Die Lößnitzgrundbahn als eine der ältesten Schmalspurstrecken Deutschlands ging im Jahr 2004 an die BVO Bahn GmbH über und wurde später in die SDG Sächsische Dampfeisenbahngesellschaft mbH umbenannt. Ihr weiterer Einsatz gilt heute als gesichert.

Dieser Auftritt wiederholt sich noch immer regelmässig: Der Dampfzug kreuzt das Straßenbahngleis. Bild: DVB AG

Auf der Strecke wird gebaut: 2006 wurden neue Gleiskreuzungen und eine neue Sicherungsanlage für den Bahnübergang angelegt. Bild: DVB AG

1.450 mm treffen auf 750 mm

Im Jahr 2006 wurde die Kreuzung an der Station „Weißes Ross" neu gebaut. Die einzige Kreuzung zwischen einer Schmalspurbahn und der Straßenbahn in Sachsen bekam dabei auch eine neue Sicherungsanlage für den Bahnübergang.

Dresdens längste Straßenbahnstrecke

Mit einer Gesamtlänge von etwa 29 Kilometern ist die Linie 4 Dresdens längste Straßenbahnstrecke. Sie gilt als Überlandstraßenbahn und ist nach alter Lesart eine Schnellstraßenbahnstrecke. Der Streckenverlauf zwischen Weinböhla, einem Erholungsort, über Radebeul West und dem Dresdner Stadtteil Laubegast bietet noch eine Besonderheit: Zahlreiche Theater, Museen, Schlösser und andere Sehenswürdigkeiten machen aus einer Straßenbahnlinie eine tatsächliche Erlebnistour, auch für Insider. Über die vielen Jahre änderte sich nicht nur ihre Linienführung mehrmals, auch die unterschiedlichsten Wagen kamen zum Einsatz. Heute stehen natürlich Niederflurwagen im Dienst, als Verstärkung können jedoch auch noch modernisierte Tatra-Fahrzeuge angetroffen werden.

Naumburgs Stolz

49

Bis heute ausschließlich Zweiachser

Ein Höhenunterschied führte in der Stadt Naumburg 1892 zum Bau einer Dampfstraßenbahn. Wegen der schlechten Gleisverlegung wird die Bahn auch „Wilde Zicke“ genannt. Als die Straßenbahn in den Besitz der Stadt überging, wurde der Unterbau erneuert. Bereits 1907 fuhr die erste elektrische Straßenbahn. Mit einem weiteren Ausbau konnte 1914 die Strecke zu einem Ring geschlossen werden, damals einmalig in Europa. Doch schon in den 1930er-Jahren war die Bahn überaltert und sollte eingestellt werden.

Die Naumburger Bevölkerung kämpft für Ihre „Ille“

Nach dem Krieg wurden Modernisierungen durchgeführt. Die Fahrzeuge konnten Anfang der 1950er-Jahre durch Neubau- und Aufbau-Wagen ersetzt werden. Wagen aus Leipzig erhielten bei der Waggonbau Gotha einen neuen Aufbau. Die Wiederaufnahme des Betriebes in beide Fahrtrichtungen erfolgte 1957. Mit Beginn der 1970er-Jahre drohte erneut die Stilllegung. Aber die Naumburger Bevölkerung kämpfte um ihre Straßenbahn. Streckenabschnitte wurden dennoch stillgelegt. 1981 wurde die Ringstraßenbahn über einen Gleisneubau entlang des Marienrings wieder geschlossen. Reparaturen sicherten den Betrieb bis zur Wende. 1991 entschied sich die Stadt Naumburg, die Straßenbahn einzustellen und Stadt-

Triebwagen Nr. 18 mit Beiwagen des Typs Aufbauwagen 1969 in der Ausweichstelle auf dem Wilhelm-Pieck-Platz (Markt). Die Strecke über den Markt wurde 1976 stillgelegt. Foto: Wolfgang Schreiner, Sammlung Nahverkehrsfreunde Naumburg-Jena e.V.

Triebwagen Nr. 21 des Typs Lowa auf dem Bahnhofsplatz um 1982. Fast baugleich ist Nr. 23 noch heute in Naumburg vorhanden. Nr. 29 wird heute noch ab und zu im täglichen Verkehr eingesetzt. Er ist damit deutschlandweit der letzte Lowa-Wagen im Linienverkehr. Foto: Wolfgang Schreiner, Sammlung Nahverkehrsfreunde Naumburg-Jena e.V.

buslinien einzurichten. Wieder waren es die Bevölkerung und zahlreiche Aktivisten, die ihre Straßenbahn erhalten wollten. 1991 wurde der Verein Nahverkehrsfreunde Naumburg-Jena e.V. (NNJ) und 1994 die Naumburger Straßenbahn GmbH (NSB) gegründet, welche die noch betriebsfähigen 300 Meter übernahmen. Nach und nach wurde die Strecke erweitert, auch durch Gleissanierungen der Stadt Naumburg. Schliesslich nahm die Naumburger Straßenbahn im Jahr 2007 mit finanzieller Unterstützung des Landes Sachsen-Anhalt den täglichen Betrieb auf der neuen 2,5 Kilometer langen Strecke wieder auf. Im Modellversuch konnte die Straßenbahn in den öffentlichen Personennahverkehr integriert und dann dauerhaft bezuschusst werden.

Wussten Sie schon?

Die „Ille" fährt seit 2007 wieder täglich mit historischen Wagen der Typen Lindner, Lowa, Gotha und Reko aus DDR-Zeiten. Im Jahr 2017 wurde die Strecke um 400 Meter bis zum Salztor verlängert, die Gesamtlänge beträgt somit 2,9 Kilometer. 2018 ist die Verlängerung bis zum Bahnhofsplatz geplant, womit die Gesamtlänge 3,0 Kilometer betragen wird.

Die Straßenbahn in Nürnberg

Schon 1881 existierte ein erstes Streckennetz

50

Erste Pläne für eine Pferdebahn in Nürnberg werden in den 1860er-Jahren entworfen. 1881 beginnen die Bauarbeiten, die Fertigstellung der ersten Strecke erfolgt noch im gleichen Jahr. Aufgrund der steigenden Fahrgastzahlen wird das Streckennetz der Pferdebahn bald erweitert. Zu diesem Zeitpunkt ist die gesamte Streckenführung mit einer Spurweite von 1.435 mm bis auf die Ausweichstellen eingleisig.

Ein erster Linienfahrplan wird 1882 ausgegeben. Die meisten Streckenverläufe werden in den Folgejahren zweigleisig ausgebaut und es wird bereits über eine Elektrifizierung der Strecken nachgedacht. Mit ihr lassen sich die Kapazitäten, aber auch die Fahrgeschwindigkeit erhöhen und zugleich die Betriebskosten senken. Damit ist die Entscheidung zur Umrüstung auf einen elektrischen Betrieb gefallen. Die AEG wird beauftragt, die erforderlichen Anlagen zu bauen. Nach einem erfolgreichen Probebetrieb kann ab 1896 der erste fahrplanmässige Betrieb mit elektrischen Straßenbahnen auf der „weißen Linie" zwischen Nürnberg und Fürth aufgenommen werden.

Nürnbergs Straßenbahn im Nationalsozialismus

Die private Nürnberg-Fürther Straßenbahn war mit der Umrüstung auf den elektrischen Betrieb an ihre finanziellen Grenzen gestoßen und nicht mehr in der Lage, die Strecken zu erweitern. 1903 übernimmt die Stadt Nürnberg Streckennetz, Fahrzeuge sowie Personal und führt eine Erweiterung des Betriebsnetzes durch. Im Nationalsozialismus wird das Straßenbahnnetz in der „Stadt der Reichsparteitage" stark erweitert. Eine Besonderheit stellt die erste Unterpflaster-Straßenbahn der Stadt Nürnberg dar, die 1938 in Betrieb genommen wird. Aufgrund der hohen Taktzahl wurden zur Sicherung der Stromzufuhr zwei parallel verlaufende Fahrleitungen verlegt. Die Tunnel mit drei Verzweigungen sind noch heute vorhanden. In einem sind aktuell historische Schienenfahrzeuge untergestellt. Die Tunnel sind jedoch für den Fahrgastbetrieb gesperrt. Weitere unterirdische Schienensysteme waren geplant. Dabei sollte auch eine Art S-Bahn unter das Erdreich verlegt werden. In einem Entwurf für den Bahnhof „Zeppelinstraße" waren für Straßen- und S-Bahnen je vier Bahnsteige vorgesehen.

Der Wagen 204 der elektrischen Straßenbahn von Sigmund Schuckert aus dem Jahr 1904 ist seit 2003 wieder betriebsbereit. Er steht für Sonderfahrten im Historischen Straßenbahndepot St. Peter zur Verfügung. Bild: siemens.com/presse

Der Wiederaufbau und das Ende der Straßenbahn?

Gegen Ende des Zweiten Weltkrieges sind viele der Strecken beschädigt oder zerstört. Einige werden nicht mehr aufgebaut. Nach dem Krieg können Teile des Streckennetzes wieder hergestellt werden. Die eigentliche Instandsetzung findet jedoch erst zur Zeit der Währungsreform 1948 statt. Nach etwa fünf Jahren sind die Arbeiten abgeschlossen. Nach und nach werden die Triebwagen durch moderne ersetzt. Erste Gelenktriebwagen ergänzten nun den Fahrzeugpark. Einige Baureihen mit einem breiteren Fahrzeugkasten können jedoch erst nach der Verbreiterung des Gleisabstandes fahren. Mitte der 1970er-Jahre befördern erste Gelenkgroßraumtriebwagen ihre Fahrgäste. Ab 1973 wird auf Schaffner verzichtet und ein Zustieg an allen Türen erlaubt. Um den Betrieb der öffentlichen Verkehrsmittel möglichst störungsfrei abwickeln zu können, entscheidet sich der Nürnberger Stadtrat für den Bau einer U-Bahn, die 1972 ihren Dienst aufnimmt. Weitere Planungen dieser Zeit sahen vor, U-Bahnen mit Bussen zu ergänzen und den Straßenbahnverkehr endgültig einzustellen.

Wussten Sie schon?

Die VAG Verkehrs-Aktiengesellschaft betreibt heute noch fünf Linien. Fürth wird aufgrund der U-Bahn-Verbindung nicht mehr angefahren. In Franken fahren neben Nürnberg nur noch in Würzburg Straßenbahnen.

Stuttgarter Straßenbahnschätze

Deutschlands dritte Straßenbahnstadt

51

Die schwäbische Metropole besitzt zahlreiche Bahnschätze. Dazu zählt auch die spektakuläre Geschichte ihrer Straßenbahnen. Schon 1868 wird eine Pferdebahn auf Normalspur eröffnet. Stuttgart ist damit nach Berlin und Hamburg die dritte Stadt Deutschlands mit einer Straßenbahn. Nur wenige Jahre später werden bereits 1,4 Millionen Fahrgäste jährlich befördert. Um das Fahrgastaufkommen zu bewältigen, stehen auch Doppelstockwagen zur Verfügung. Bereits jetzt ist ein Anstieg der Grundstückspreise an den Strecken der Straßenbahnen zu verzeichnen. Die 1886 gegründete Neue Stuttgarter Straßenbahngesellschaft Lipken und Cie. (NSS) schließt einen Konzessionsvertrag mit der Stadtgemeinde Stuttgart. Ihre erste Linie fährt auf der Meterspur.

Eine Entscheidung mit Folgen

Durch die Zusammenlegung der NSS mit der Stuttgarter Pferde-Eisenbahn-Gesellschaft (SPE) entsteht 1889 die Stuttgarter Straßenbahnen AG (SSB). Die Aktiengesellschaft verfügt jetzt über zweihundert Mitarbeiterinnen und Mitarbeiter. Zu diesem Zeitpunkt wird aufgrund der Topographie und der teilweise beengten Straßenverhältnisse der Stadt entschieden, die Meterspur für alle Straßenbahnstrecken zu verwenden. 1892 wird ein Versuchsbetrieb mit zwei elektrisch betriebenen Motorwagen der AEG aus Halle an der Saale gestartet. Ein Jahr später ist der Umbau aller normalspurigen Betriebsstrecken des inzwischen über 16 Kilometer langen Netzes auf die Meterspur abgeschlossen. Der ersten elektrischen Strecke sollen bald weitere Abschnitte folgen. Um 1900 ist die Einwohnerzahl Stuttgarts auf knapp 180.000 angestiegen. Etwa 14 Millionen Fahrgäste werden jetzt durch die Stuttgarter Straßenbahn befördert. Als 1904 die Zahnradbahn „Zacke“ elektrifiziert wird, erfolgt die Beförderung der Fahrgäste zunächst noch mit Dampfbetrieb, aber auch mit ersten elektrischen Fahrzeugen. Die Zacke bleibt aber die einzige Stuttgarter Straßenbahn mit Dampfantrieb.

Das Verkehrsaufkommen steigt weiter an. Anfang des Zweiten Weltkrieges erreicht die Betriebsstrecke mit einer Länge von 145 Kilometern ihre größte Ausdehnung. Im Krieg werden 553 von 853 Straßenbahnfahrzeugen zerstört. Unter amerikanischer Besatzung beginnt der Wiederaufbau. Die letzte kriegsbedingt stillgelegte Strecke kann 1949 wieder in Betrieb genommen werden. Nur vier Jahre später tritt der erste moderne Gelenk-

Die kleine Fahrzeugparade in Stuttgart. Alt und neu im Einklang dank Dreischienengleis. Bild: Stuttgarter Historische Straßenbahnen e.V.

triebwagen Deutschlands mit drei Drehgestellen, der GT 6, seinen Dienst an. Ab 1959 folgen die vierachsigen GT 4-Triebwagen. Die SSB setzt als erstes Unternehmen in Deutschland einen schaffnerlosen Beiwagen ein. Dann beginnt eine lange Jahre anhaltende Umstellung der Straßenbahn in Stuttgart. Meterspurige Gleisabschnitte werden wieder gegen normalspurige ausgetauscht. 2007 ist der Umbau auf die Normalspur abgeschlossen. Stuttgart hat nun seinen Straßenbahnbetrieb auf eine Stadtbahn umgestellt. Damit gingen nach 48 Jahren Diensterfüllung die äußerst zuverlässigen „Heuler" in den Ruhestand. Der GT 4 machte durch ein auffallendes Fahrgeräusch auf sich aufmerksam. Zudem schaukelten die Triebwagen gerne auf unebenen Streckenabschnitten. Als letzte „echte" Straßenbahn Stuttgarts fuhr der GT 4 auf der meterspurigen Linie 15.

Wussten Sie schon?

Der Verein „Stuttgarter Historische Straßenbahnen" (SHB) wird 1987 mit Heimat im letzten meterspurigen Depot Stuttgart-Bad Cannstatt gegründet. Auf den noch erhaltenen Strecken in der Spurweite von 1.000 mm des Stuttgarter Streckennetzes werden Rundfahrten mit historischen Fahrzeugen angeboten.

Flensburgs Straßenbahn

1973 wurde der Betrieb eingestellt

52

In Deutschlands nördlichster Stadt beginnt die Straßenbahngeschichte im Jahr 1881. Flensburg nimmt den Betrieb einer normalspurigen Straßenbahn mit „Pferdetraktion" auf. Nach mageren Anfangsjahren kommt mit der Wende zum 20. Jahrhundert ein spürbarer Aufschwung.

1906 endet die Konzession der Pferdebahn. Die Stadt als Eigentümerin entscheidet sich für eine Errichtung einer elektrischen Straßenbahn. Nur ein Jahr später kann der Betrieb der zweigleisig angelegten Strecke auf einer Spurweite von 1.000 mm aufgenommen werden. Später folgen weitere Linien. Auch die bestehenden Strecken werden ausgebaut. Kurz vor dem Zweiten Weltkrieg erreicht das Streckennetz der Stadt Flensburg eine Gesamtlänge von knapp 20 Kilometern. Ab 1952 erhält der Fuhrpark neue Fahrzeuge. In den Folgejahren aber werden vermehrt Busse eingesetzt und die ersten Linien eingestellt. 1973 stellt die Stadt den Betrieb ganz ein. Ein paar Fragmente bleiben erhalten und erinnern an die Straßenbahn in Flensburg.

Eine Sonderfahrt durch Flensburg im Oktober 1972. Triebwagen 35 und Beiwagen 103 auf einer ihrer letzten Fahrten. Bild: Kurt G. Rasmussen

53

Großbritanniens Älteste

Volk's Electric Railway in Brighton

Bereits 1883 wird diese Straßenbahnstrecke eröffnet. Sie gilt damit als die älteste elektrisch betriebene Straßenbahn Englands. Magnus Volk errichtet die Straßenbahn, deren Fahrzeuge zunächst mit Strom aus den Schienen versorgt werden. Nur ein Jahr später, im Rahmen einer Streckenerweiterung wird die Spurweite von 610 auf 838 mm geändert und die Spannung in den Schienen auf 110 V erhöht. Eine weitere Anpassung der Technik, die bis heute Bestand hat, erfolgt 1886. Die Spurweite beträgt nun 825 mm, der Strom wird über eine dritte Schiene zwischen den beiden Hauptschienen zugeführt. Aktuell ist die Strecke 1,64 Kilometer lang und misst damit etwa eine Meile. Nach einer Überholung der Fahrzeuge steht die Straßenbahn mit einer kurzen Unterbrechung im Zweiten Weltkrieg bis heute im aktiven Dienst.

Ein Zug verlässt den Bahnhof. Auch hier gilt für das einspurige Gleis: Wer den „Token" hat, darf fahren. Eine einfache, aber wirkungsvolle Zugregelung. Bild: Stefan Wohlfahrt

Wussten Sie schon?

Eine zweite, spektakuläre, ebenfalls von Volk gebaute Bahn, die „Pionier", existiert aber seit 1901 nicht mehr. Sie fuhr durch das Meer auf eisernen Stelzen und erhielt dadurch den Spitznamen „Daddy Long Legs".

Wenn Straßenbahnen strahlen

Blackpools historische Straßenbahnen

54

In der englischen Küstenstadt Blackpool wurde 1885 ein Straßenbahnbetrieb eröffnet. Diese elektrisch betriebene Straßenbahn zählt somit ebenfalls zu den ältesten der Welt. Auf der Strandpromenade entlang der Irischen See werden heute zu besonderen Anlässen historische Fahrzeuge im Museumsbetrieb eingesetzt. Sie sind heiß begehrt, ob als Fotomotiv oder für eine Rundfahrt. Schon immer nutzten hauptsächlich Touristen diese Straßenbahn – besonders dann, wenn einer der inzwischen sehr selten gewordenen doppelstöckigen Wagen auftaucht. Auf der knapp 18 Kilometer langen Strecke mit einer Spurweite von 1.435 mm werden etwa fünf Millionen Fahrgäste im Jahr befördert. Das ist nicht verwunderlich, ist doch Blackpool ein beliebtes Vergnügungszentrum und Seebad. Der erste Streckenverlauf wurde später erweitert und umgebaut. Vor allem der Stromschienenbetrieb, wie er noch heute bei der Volk's Electric Railway in Brighton verwendet wird, ist einem Oberleitungsbetrieb gewichen. Dieses Straßenbahnnetz war drei Jahrzehnte lang das einzige städtisch betriebene in Großbritannien.

Im Dienste von Museumsfahrten werden hier einige der letzten elektrisch betriebenen, doppelstöckigen Straßenbahnwagen eingesetzt. Bild: C. Wenger

Herausgeputzt für die größte kostenlose Lightshow der Welt: Illuminated Cars in Blackpool. Hier kommt eine Straßenbahn schon mal zur Bezeichnung F736 Frigate. Bild: C. Wenger

Die größte kostenlose Lightshow der Welt

Hohe Kosten für die Sanierungen an Netz und Fahrzeugen führten schon früh zu einer teilweisen Umstellung auf Busse. Glücklicherweise blieb ein Streckenteil erhalten.

Maßnahmen zur Absicherung des Unternehmens ließen lang auf sich warten. Erst jüngst konnten die erforderlichen Restaurierungen vorgenommen und die Strecke erneuert werden. Dazu kommen neue Gelenkwagen des Typs Flexity 2, die den Oldtimern helfen sollen, die Menschenmengen zu bewältigen. Zu bestimmten Zeiten können sowohl Alt- als auch Neufahrzeuge im Einklang beobachtet werden. Die tatsächliche Attraktion aber stellen die Illuminated Cars dar. Dabei wird die Vergnügungsszene des Seebades für neun Wochen in ein Lichtermeer getaucht. Blackpool zieht damit viele Touristen an. Mehrere Millionen Menschen sind das pro Jahr, die sich die Illuminations ansehen. Der Umbau dieser Fahrzeuge erfolgte bereits zu Beginn der 1960er-Jahre.

Wussten Sie schon?

Eine Kuriosität stellen die Stromabnehmer der Eindecker-Triebwagen dar. Da die Stromleitungen für die doppelstöckigen Fahrzeuge ausgelegt sind, muss mit speziellen Vorrichtungen der Abstand zur Oberleitung überbrückt werden.

IoM und seine Zeitzeugen

Tram-Methusalem

55

Auf der Isle of Man lassen sich die wohl ältesten noch betriebsfähigen Straßenbahnfahrzeuge der Welt finden. Die weitestgehend original erhaltenen Triebwagen und Beiwagen aus der Anfangszeit werden noch immer im Regelbetrieb eingesetzt. Die Straßenbahnlinie wurde im Jahr 1893 eröffnet.

Der Tourismus der Isle of Man kommt um 1880 in Schwung. Hotels und Pensionen nehmen zahlreiche Gäste auf, und die wollen die Insel erkunden. Auch neue Ansiedlungen entstehen, die ebenfalls an die Hauptstadt Douglas angebunden werden sollen. Erste Pläne für eine Überlandstraßenbahn entlang der Ostküste der Isle of Man werden 1889 entworfen. Sie werden dem Parlament, dem Tynwald, vorgelegt. Es ist das älteste, ununterbrochen tagende Parlament der Welt. Unter der Voraussetzung, dass neben der Straßenbahn eine parallel verlaufende Straße errichtet wird, stimmt das Parlament zu. Die Traktion der Straßenbahn ist zu diesem Zeitpunkt noch vollständig ungeklärt.

Die Fahrzeuge der Manx Electric Railway sind wahre Glanzlichter.
Der Triebwagen 7 mit passendem Beiwagen 48 in Ramsey. Bild: Herbert Graf

Kurz nach Verlassen der Hauptstadt Douglas erklimmt Nummer 22 eine Steigung. Die Überlandstraßenbahn ist auf dem Weg nach Laxey. Bild: Herbert Graf

Die älteste Oldtimer-Schmalspurbahn

Der erste Streckenabschnitt mit seinem Startpunkt in Douglas wird im Jahr 1893 eröffnet. Ein Jahr später kann die Streckenführung an der Küste bis Laxey erweitert werden. Die vollständige Strecke bis zur Stadt Ramsey im Osten der Insel ist im Jahr 1899 fertiggestellt. Sie ist jetzt 27,4 Kilometer lang, die Spurweite beträgt 914 mm, also drei Fuss.

Auf der IoM wird noch alles von Hand gemacht und man hat Zeit. Zeit, die andernorts unbezahlbar ist. Die Manx, wie sich die Einwohner der Isle of Man nennen, sind stolz auf ihre Bahn. Nahezu alle Fahrzeuge der Manx Electric Railway (M.E.R.) sind betriebsbereit erhalten. Zahlreiche dunkle Wolken standen bereits über der Straßenbahn, aber sie hat die Zeit überstanden. 1957 wurde sie von der Regierung der Insel übernommen. Die Isle of Man Railway und die Douglas Pferdebahn sind mit der Straßenbahn in einem Konzept zusammengefasst. Dazu gehört auch die Sneafell Mountain Railway. Der heutige Betreiber der ältesten Oldtimer-Schmalspurbahn auf den Britischen Inseln ist die Isle of Man Heritage Railways. Das Unternehmen unterhält die Straßenbahnlinie und versorgt sie in ihren Betriebshöfen in Douglas, Laxey und Ramsey.

Kopenhagen und die Sporveje

Die erste Straßenbahn in Dänemark

56

Bahn-, aber auch Straßenbahngesellschaften wurden in den frühen Jahren nahezu ausschließlich von privaten Unternehmen gegründet und unterhalten. So auch die erste Straßenbahn in Dänemark. Die Copenhagen Railway Company Ltd. (CRC) eröffnet 1863 die „Sporveje“, dänisch für Straßenbahn. Kopenhagen ist damit die erste Stadt in Dänemark mit einer Straßenbahn.

Die Aufnahme des Betriebes erfolgt zunächst mit von Pferden gezogenen Fahrzeugen. Ab 1884 werden sie von dampfbetriebenen Straßenbahnen ergänzt. Als erste elektrische Straßenbahnfahrzeuge werden ab 1897 akkubetriebene Fahrzeuge eingesetzt. Diese Fahrzeuge benötigen zwar keine Oberleitung, sie riechen jedoch stark nach Batteriesäure. Fahrgäste nennen sie daher die „saure Bahn“. Das ist sicher einer der Gründe, weshalb die Akku-Wagen 1902 bereits wieder eingestellt werden. Kurz vor der Jahrhundertwende entstehen erste Linien mit einer Stromversorgung aus der Oberleitung. Das seit Anbeginn in der Normalspur ausgeführte Streckennetz wächst zunehmend. In den Folgejahren werden einheitliche Nummern für die jeweiligen Linien vergeben und die letzten mit Dampf betriebenen Straßenbahnen aus dem Dienst genommen.

Aus privater Hand in den kommunalen Betrieb

Die Straßenbahngeschichte Kopenhagens durchläuft mehrere Gesellschaften. Fusionen privater Gesellschaften mit dem Dänischen Energieversorger füllen die Nachrichten dieser Tage. Ab 1911 wird aber von der Stadt Kopenhagen ein großer Teil dieser Gesellschaften übernommen. Die Kopenhagener Straßenbahn als kommunales Unternehmen entsteht. Als Københavns Sporveje (KS) werden weitere Gesellschaften übernommen und damit bald eine große Streckenausdehnung erreicht. Amager, Hellerup, Sundby und einige weitere Vororte der Randbezirke Kopenhagens können nun auch mit der Straßenbahn erreicht werden. Damit dieses Streckennetz ausreichend bedient werden kann, findet in den frühen 1960er-Jahren ein Zukauf von neuen Straßenbahnfahrzeugen statt. Nur wenige Jahre später kommt für die Straßenbahn in Kopenhagen das Aus. Bereits 1972 wird der Betrieb weitestgehend von Bussen übernommen. Im Straßenbahnmuseum Skjoldenæsholm sind neben historischen Straßenbahnwagen auch Fahrzeuge aus den letzten Tagen der Straßenbahngeschichte Kopenhagens ausgestellt.

Eine Sonderfahrt mit Triebwagen 472 und Beiwagen 1052 für Mitglieder der Dänischen Gesellschaft für Straßenbahngeschichte 1968 in Kopenhagen. Bild: Kurt G. Rasmussen

Kehrt die Straßenbahn wieder zurück?

Nach einem umfangreichen Ausbau der S-Bahn-Linien und des Metro-Netzes soll nun wieder eine Straßenbahn in Kopenhagen Einzug halten. Pläne dieser Art gibt es schon länger. Das dänische Verkehrsministerium will das jetzt konkretisieren. Diese neue Straßenbahn, eine sogenannte „Leichtbahn", soll sogar in Teilen auf der Route einer ehemaligen Straßenbahnlinie fahren, bestehende Lücken schließen und den Nahverkehr in Kopenhagen ergänzen. Die Planung sieht eine knapp 30 Kilometer lange Strecke vor. Der Stadtkern soll allerdings nicht tangiert werden. Es scheint jedoch noch nicht klar zu sein, ob das System eine Stadtbahn oder eine Straßenbahn darstellen wird. Erfreulich ist jedoch in jedem Fall, dass eine von der Stadt beauftragte Analyse das Ergebnis erbrachte, dass die Akzeptanz der Fahrgäste hinsichtlich einer Straßenbahn deutlich höher liegt, als das bei Bussen der Fall ist.

Wussten Sie schon?

Auch in Kopenhagen wurden Doppelstockwagen im Rahmen des Straßenbahnbetriebes eingesetzt. Die Københavns Sporveje betrieb ein solches Fahrzeug auf der Linie 3.

Die längsten Wagen der Welt

Budapest, ein Verkehrsknotenpunkt

57

Pest-Buda, das heutige Budapest, war schon im Altertum ein Verkehrsknotenpunkt. So ist es nicht verwunderlich, dass bald dauerhafte Brücken errichtet und 1866 eine erste Pferdebahn eröffnet wurden. Die Budaer Straßeneisenbahngesellschaft (BKVT) richtet in Buda zwei Linien ein. Die Straßenbahn verbindet die Stadtteile miteinander und trägt zur Entwicklung der Stadt bei. Erste Strecken sind bis auf Ausweichstellen eingleisig und ausschließlich meterspurig. Auch mit der Einführung der ersten elektrischen Straßenbahn in Budapest im Jahr 1887 werden noch immer Gleise in der Spurweite von 1.000 mm verwendet. Zwei Jahre später jedoch wird die erste Strecke in Normalspur errichtet. In den Folgejahren erhalten auch die Pferdebahnlinien eine Elektrifizierung und der Pferdebetrieb wird etappenweise eingestellt. Budapest gehört hinsichtlich der Ausdehnung des Straßenbahnnetzes bald zu den größten Europas. Nach dem Zweiten Weltkrieg wird das Streckennetz zunehmend vernachlässigt. Die Einführung des schaffnerlosen Systems kommt Ende der 1960er-Jahre zustande.

Die langen Straßenbahnwagen Combino Supra Plus von Siemens werden in Budapest „Riesenraupe“ genannt. Hier vor dem Budapester Westbahnhof. Bild: Erwin Schidlofski

Der Gliedertriebwagen 1433 der Linie 49 auf der Freiheitsbrücke in Budapest.
Bild: Lukas Krewitz

Budapest erfindet seine Straßenbahn neu

Die erste elektrische Straßenbahn in Budapest wird im Jahr 1887 von der Firma Siemens & Halske gebaut. Sie nimmt zunächst im Rahmen eines Versuchsbetriebes ihren Dienst auf. In Folge des ausgesprochen erfolgreichen Betriebes ernennt sie sich zum eigenständigen Straßenbahnunternehmen. Vor allem der Ausbau der Metró Budapest, eine der ältesten U-Bahnen der Welt, wird vorangetrieben, die Straßenbahn weiter vernachlässigt und zahlreiche Strecken reduziert. Das Umdenken kommt in den 1990er-Jahren. Jetzt wird begonnen, das inzwischen normalspurige Straßenbahnnetz zu erneuern. Heute sind nur noch wenige Langsam-Fahrstellen zu finden. Auf diesem Netz fahren mit knapp 56 Metern die längsten Straßenbahntriebzüge der Welt. Bis zu 345 Fahrgäste können diese Triebwagen aufnehmen. Ab 2006 nennt sich die Gesellschaft „Budapester geschlossene Verkehrs-Aktiengesellschaft" (BKV Zrt.). Die BKV Zrt. betreibt über 30 Linien, zusätzliche Linien stehen als Verstärkung für den Bedarfsfall zur Verfügung.

Wussten Sie schon?

Die Einführung der Normalspur im Straßenbahnnetz ist in Budapest vor allem auf den ausgeprägten Güterverkehr in Verbindung mit der Eisenbahn des Landes zurückzuführen. Für den Einsatz beider Systeme wurden eigens konstruierte Kupplungen verwendet.

Italiens größtes Straßenbahnnetz

Mailands Straßenbahngeschichte

58

Die zweitgrößte Stadt Italiens besitzt noch immer ein ausgedehntes Straßenbahnnetz. In Milano leben fast 1,4 Millionen Einwohner, von denen das Verkehrssystem Straßenbahn gerne genutzt wird. Die 1931 gegründete Azienda Trasporti Milanesi (ATM) betreibt heute 18 Linien mit einem Streckennetz von knapp 170 Kilometern.

Die erste von Pferden gezogene Bahn in der Hauptstadt der Lombardei befördert bereits seit 1876 Fahrgäste, zwei Jahre später kommt eine Straßenbahn mit Dampftraktion hinzu. Die offizielle Eröffnung der Straßenbahn-Gesellschaft in Mailand erfolgt 1881. Mit der Einrichtung einer Versuchsstrecke im Jahr 1893 kann eine erste elektrische Straßenbahn betrieben werden. Mailands städtisches Netz, aber auch das Überland-Streckennetz dehnen sich zunehmend aus. Zahlreiche, aus privater Hand geführte Gesellschaften betreiben ihre Linien. Mit der Zusammenführung dieser Betriebe entsteht einer der größten Betreiber von Straßenbahnen in Europa. 1926 ist für Mailand, aber auch die Region ein schwieriges Jahr. Es erfolgt die Umstellung auf den Rechtsverkehr. Davon war Mailand bislang verschont geblieben, da sich das weit ausgedehnte Streckennetz hierfür zahlreichen und vor allem umfangreichen Umbaumassnahmen unterziehen musste. Mailand war damit als letzte Stadt Italiens von der Umstellung betroffen.

Eine GAI-Jumbo-Straßenbahn aus den 1970er-Jahren. Die knapp 30 Meter langen Fahrzeuge erreichen eine zugelassene Höchstgeschwindigkeit von 60 km/h. Bild: Lukas Kriwetz

Ventotto-Wagen (Peter-Witt-Wagen) prägen noch heute das Stadtbild in Mailand. Erste Prototypen der Baureihe 1500 wurden 1927, die Serie ab 1928 gebaut. Bild: Lukas Kriwetz

Eines der größten Straßenbahnnetze Europas

In den Jahren vor dem Zweiten Weltkrieg erreicht das Straßenbahnnetz in Mailand mit 40 Linien seine größte Ausdehnung und zählt damit zu einem der größten in Europa.

Es gibt wieder Zukunftspläne für die Straßenbahn

Der Zweite Weltkrieg setzt Mailands Straßenbahn zu, die Schäden können jedoch noch in den letzten Kriegsjahren behoben werden. Das Streckennetz allerdings schrumpft deutlich. Mit Einführung der U-Bahn im Jahr 1964 erhält sie eine starke Konkurrenz. Die Mailänder Straßenbahn mit ihrer Spurweite von 1.445 mm plant jedoch wieder einen Ausbau und zahlreiche Erweiterungen der bestehenden Linien.

Wussten Sie schon?

1998 wurden Peter-Witt-Wagen nach San Francisco verkauft und sind dort nach ihrer Restaurierung auf der berühmten „F-Line" im Einsatz.

Straßenbahnsuperlativ Łódź

Das größte meterspurige Streckennetz

59

Neben Krakau und Warschau ist Łódź die drittgrößte Stadt in Polen. Mit einer Spurweite von 1.000 mm und einer Streckenlänge von rund 141 Kilometern besitzt Łódź das größte meterspurige Streckennetz der Welt. Ungeachtet der Spurweite ist das zugleich die größte Streckenlänge einer Straßenbahn in Polen.

Die elektrische Straßenbahn wurde im Jahr 1898 eröffnet. Der frühen Industrialisierung und dem Wunsch, Güter mit der Straßenbahn zu transportieren, war es zu verdanken, dass Łódź als erste Stadt in Polen eine „Elektrische" bekam. Zudem musste der stark zunehmende Verkehr in der Innenstadt entlastet werden. Mit der Jahrhundertwende wurden erste Überlandstraßenbahnen eingerichtet. Auch hier war die Industrie Treiber und vor allem Geldgeber. Eine Besonderheit stellte die Teilung der Fahrten dar. Wo tagsüber Fahrgäste befördert wurden, transportierten nachts die Straßenbahnen meist ausschließlich Güter der Industrie. Weitere Überlandstrecken folgten und das Straßenbahnnetz dehnte sich rasch aus. Bereits vor dem Ersten Weltkrieg erwirtschafteten die Linien einen Gewinn.

Ein ex Bielefeld, der Duewag M8C-Wagen mit der Nummer 529 fährt hier noch in der historischen Lackierung. Bild: Christian Lücker

Ein Duewag GT6-Wagen Nummer 1071 als ex Rhein-Neckar, ex Straßenbahn Podmiejskie, ex Graudenz. Bild: Christian Lücker

Verstaatlichung nach dem Zweiten Weltkrieg

Zwischen den Kriegen wuchs das Streckennetz weiter an. Die einzelnen Linien wurden bislang von unterschiedlichen Verkehrsunternehmen geführt. In den Jahren nach dem Zweiten Weltkrieg erfolgte die Verstaatlichung. Mit der Erweiterung des Netzes wurden zusätzliche Fahrzeuge angeschafft. Viele der meist zweiachsigen Triebwagen stammten aus Polen. Der Fuhrpark insgesamt ist ausgesprochen vielfältig. Darunter befinden sich auch Duewag-Wagen aus Deutschland, die gebraucht übernommen wurden.

Die größte Netzausdehnung wurde etwa Mitte der 1970er-Jahre erreicht. Wie in zahlreichen anderen Ländern des Ostblocks auch wurde in die Erhaltung der Streckennetze und der Fahrzeuge wenig investiert. Die Fahrten wurden holprig und es kam zu Ausfällen. Die Folge war ein spürbarer Rückgang der Fahrgastzahlen. Eine Verbesserung kam erst mit dem Fall des Eisernen Vorhangs. Gleisanlagen wurden ausgebessert oder erneuert. Auch neue oder gut erhaltene gebrauchte Fahrzeuge wurden angeschafft. Neben den unterschiedlichen polnischen Konstal-Triebwagen sind in der Innenstadt auch Triebwagen des Typs Cityrunner von Bombardier oder Duewag-Triebwagen im Einsatz. Der Verkehrsbetrieb Miejskie Przedsiębiorstwo Komunikacyjne (MPK-Łódź) betreibt mit den Überlandstrecken heute 24 Linien.

Einst größtes Straßenbahnnetz

Sankt Petersburg bleibt dennoch gewaltig

60

Zu Beginn dieses Jahrtausends wurde der zweitgrößten Stadt Russlands der Rang abgelaufen, das größte Straßenbahnstreckennetz der Welt zu besitzen. Viele der knapp fünf Millionen Einwohner in Sankt Petersburg nutzen den öffentlichen Nahverkehr. Aktuell liegt das Netz bei etwa 230 Kilometern und ist damit noch immer auf Platz zwei in der Welt.

Zahlreiche Stilllegungen führten zu einem Rückgang der Strecken. Die Sankt Peterburgskij Tramwaj eröffnete 1863 die erste Strecke. Zu diesem Zeitpunkt wurde auch hier das Stadtbild von Pferdebahnen geprägt. Für Russland ist die sogenannte Breitspur üblich. Damals wie heute liegt die Spurbreite bei stattlichen 1.524 mm. Beeindruckend erscheint auch die Geschwindigkeit der Ausdehnung des Streckennetzes. Was mit vier Kilometern begann, konnte damit bereits um 1900 auf über 130 Kilometer beziffert werden. Auch Vororte waren dann angebunden.

Die „Elektrische", Testbetrieb von kurzer Dauer

Drei Unternehmen waren an diesem Straßenbahnnetz beteiligt. Auch hier hielt die Elektrifizierung ihren Einzug. Im Jahr 1880 wurde auf einem Teilstück der Betrieb getestet. Dieser Testbetrieb wurde als weltweit erster seiner Art bekannt. Aus Kostengründen musste der nicht öffentliche Betrieb nach kurzer Zeit wieder eingestellt werden. Erst 15 Jahre später sollte wieder eine „Elektrische" rollen. Außergewöhnlich ist, dass die Straßenbahn auf der zugefrorenen Newa betrieben wurde. Der 74 Kilometer lange Fluss mündet bei Sankt Petersburg in die Ostsee.

Die erste Straßenbahnstrecke wurde 1907 elektrifiziert. Bis alle Abschnitte der Pferde- und Dampfbahnen mit Strom aus der Oberleitung ausgerüstet waren, schrieb man das Jahr 1922. In der Zeit zwischen den Kriegen dehnte sich das Streckennetz stark aus. Nach schweren Beschädigungen im Zweiten Weltkrieg konnte der Betrieb aber wieder vollständig hergestellt werden. Mitte der 1980er-Jahre erreicht das Streckennetz mit über 1.000 Kilometern seine größte Ausdehnung. Betreiber der 43 Linien wurde der städtische Betrieb Gorelektrotrans, in dessen Verantwortung auch die O-Busse liegen. Leider sind zahlreiche Gleisabschnitte stark ausgefahren. Verwerfungshügel sind zu überwinden und größere Schienenstöße sind an der Tagesordnung. Entsprechend leiden Fahrzeuge, Fahrgäste und Anwohner.

Ein Altbauwagen der Linie 5 von Lebedeva-Akademika-ul in Richtung Botinskaya ul. Die unverwüstlichen, mit Chromleisten verzierten Fahrzeuge stehen noch immer im aktiven Dienst. Bild: Ekaterina Podkorytova

Eine aktuelle Straßenbahnfahrkarte aus Sankt Petersburg, Exponat: Ekaterina Podkorytova

Der Wagen 3908 der Linie 3 von Ka Bertsul in Richtung Sampsoniyevskiy most. Bild: Ekaterina Podkorytova

Mit der Tram an den Strand

Eine duale Lösung für Athen

61

Auch in Griechenland wird die Straßenbahn „Tram" genannt. Die erste, von Pferden gezogene Straßenbahn wurde 1908 von elektrisch betriebenen Fahrzeugen abgelöst. Das Streckennetz erreichte noch vor dem Zweiten Weltkrieg seine größte Ausdehnung. Dafür verantwortlich war vor allem die Küstenstraßenbahn, eine Überlandstraßenbahn.

Wie so oft wurde auch hier die Modernisierung des öffentlichen Nahverkehrs falsch interpretiert. Die nach dem Krieg vernachlässigte Straßenbahn Athens wurde ab 1960 sukzessive reduziert, bis sie Mitte der 1970er-Jahre ganz eingestellt wurde. Die Schienen wurden großteils entfernt und nahezu alle Fahrzeuge verschrottet. Gerade ein paar historische Straßenbahnwagen entkamen der Schrottpresse. Sie wurden in der Zwischenzeit restauriert und im Eisenbahnmuseum Athen ausgestellt. Ein Wagen steht an einer Haltestelle als Denkmal. Im öffentlichen Nahverkehr traten nun dieselbetriebene Busse an die Stelle der Straßenbahn. Sie wurden mit der Eröffnung der Athener Metro von der U-Bahn unterstützt. Durch seine topografische Lage und die akute Verkehrsbelastung hat Athen aber mit einem permanenten Smog zu kämpfen. Fahrverbote wurden erlassen und nach Alternativen im Nahverkehr gesucht. Überlegungen, das U-Bahnnetz auszubauen, aber auch die Straßenbahn wieder einzuführen, führten in letzter Konsequenz zu einer dualen Lösung. Der Betreiber, die Tram SA, unterhält seit 2004 die Linien der Straßenbahn sowie der U-Bahnen Athens auf separaten Netzen. Damals wie heute sind die Straßenbahnen auf Normalspur mit einer Spurweite von 1.435 mm unterwegs.

Sauberkeit verbessert die Attraktivität

Zentraler Punkt Athens ist der Syntagma-Platz, der zugleich U-Bahn-Haltestelle ist. Von dort dauert die Fahrt mit der Straßenbahn an die Küste etwa 30 Minuten. Die derzeitige Regierung will die Küste schöner gestalten, sie von Schutt und Ruinen befreien. Parks sollen wieder angelegt und Kaimauern erneuert werden. Damit steigt die Attraktivität der derzeit drei Linien. Die Streckenführung bildet ein „T". Vom Syntagma-Platz führt die Strecke bis an die Küste. An der Haltestelle Mouson teilt sich die Strecke nach Osten und Westen. Die westliche Strecke wird bis Piräus ausgebaut. Beide Strecken führen an der Küste entlang.

Der Niederflurtriebwagen des Typs Sirio vor berühmter Kulisse. Bild: Wolfgang Wellige

Die modernen Niederflurtriebzüge erreichen eine zugelassene Höchstgeschwindigkeit von 70 km/h. Ihr Aussehen verdanken die derzeit 35 Fahrzeuge dem italienischen Designer Pininfarina.

Ein Flughafen als Straßenbahndepot

Mit der Eröffnung des neuen Eleftherios-Venizelos-Flughafens in Athen im Jahr 2001 wurde die einstige internationale Drehscheibe des griechischen Flugverkehrs, der 1938 eröffnete Verkehrsflughafen Athen-Ellenikon, geschlossen. Dessen leerstehende Flughallen werden übergangsweise für Veranstaltungen genutzt. Einer der Hangars dient heute als Depot für die Straßenbahnlinien Athens. Die normale Taktfrequenz der Straßenbahnen liegt in aller Regel bei 20 Minuten, in der Hauptverkehrszeit bei zehn Minuten, wird es besonders eng, bei fünf bis 7,5 Minuten. Die mit vier Gelenken ausgestatteten Niederflurtriebwagen des Typs Sirio kommen vom italienischen Hersteller AnsaldoBreda S.p.A., dem heutigen Hitachi Rail Italia. Zusätzlich wird die Verkehrsinfrastruktur von Oberleitungsbussen unterstützt. Dieser Betrieb wird als der größte seiner Art noch vor San Francisco genannt. Die Planung zur Erweiterung des derzeitigen Straßenbahnnetzes in mehreren Phasen ist bereits abgeschlossen.

Straßenbahnen in Portugal

Der Anfang einer langen Geschichte

62

In Porto nahm 1895 die erste elektrisch betriebene Straßenbahn Portugals ihren Dienst auf. Etwa fünfzig Jahre später erreichte das Streckennetz von Porto eine gewaltige Gesamtlänge von über 180 Kilometern.

Wie andernorts auch, schrumpfte mit den Jahren das Streckennetz. Viele Abschnitte wurden durch Buslinien ersetzt, sodass bald nur noch ein kleiner Rest des einst so beachtlichen Streckennetzes existierte. Auch hier stellte sich heraus, dass die Straßenbahnen eine wichtige Touristenattraktion sind. Die Straßenbahnlinien wurden wieder ausgebaut. Nach der Sanierung der Altstadt eröffnete die Sociedade de Transportes Colectivos do Porto S.A. (STCP) wieder Linien. Aktuell werden auf der Linie 1, der Uferlinie zwischen dem historischen Zentrum und dem Garten von Passeio Alegre, der Linie 18 zwischen Massarelos und Carmo und der Linie 22 als Ringlinie, welche das Stadtzentrum durchquert, historische Fahrzeuge betrieben.

Straßenbahn-Sensation Lissabon

Weltweit sind auch die Straßenbahnen der Hauptstadt Portugals bekannt. Als Pferdestraßenbahn wurde die Companhia de Carris de Ferro de Lisboa 1872 gegründet und ihre erste Linie ein Jahr später eröffnet. Ab 1901 fuhren auch in Lissabon elektrisch betriebene Straßenbah-

Ein Arbeitswagen 1990 in Porto an der stadtnahen Endstelle Infante des einstigen Restnetzes.
Bild: C. Wenger

Heiß geliebt: die historischen, teilweise über 80 Jahre alten Triebwagen der „Eléctrico".
Die Straßenbahn hat in der Altstadt keinen festen Fahrplan. Hier ein Wagen der Ringlinie 22.
Bild: Herbert Graf

nen. Ihr Erfolg besiegelte das Ende der Pferdebahnen. Gegen Ende der 1950er-Jahre wurden erstmals Busse eingesetzt und damit auch hier der Grundstein für eine Dezimierung des Straßenbahnnetzes gelegt. Bald sind nur noch ein paar Strecken übrig. Was die Busse nicht schafften, hätte beinahe die Metropolitano de Lisboa, die Stadtschnellbahn von Lissabon, erreicht. Der Weg zurück zur Straßenbahn in den 1990er-Jahren gründete auch hier auf der Erkenntnis, welche wesentliche Rolle die Straßenbahn in Lissabon als touristische Attraktion innehatte. Das Straßenbahnnetz wurde aufwändig überarbeitet und modernisiert. Die „Carris" ist Betreiberin der verschiedenen Linien, der berühmten Standseilbahn und des Straßenbahnmuseums. Das Streckennetz hat eine Länge von knapp 31 Kilometern. Die Companhia de Carris de Ferro de Lisboa wurde 1974 von der Stadt Lissabon übernommen. Bis dahin gehörte sie der britischen Gesellschaft Lisbon Electric Tramways.

Wussten Sie schon?

Die Linie 28E der Straßenbahn in Lissabon weist auf einem kurzen Streckenabschnitt eine Steigung von 135 Promille auf, die ausschließlich mit Adhäsionsantrieb bezwungen werden muss.

Doppelstöcker in Hongkong

Der Vorschlag zum Bau stammt von 1881

63

Neben der Straßenbahn in Hongkong wurden weltweit von zahlreichen Betrieben doppelstöckige Fahrzeuge eingesetzt. Auch die elektrisch betriebenen Straßenbahnwagen in Paris oder die frühe Überlandstraßenbahn Castelli Romani in den 1880er-Jahren beförderten ihre Fahrgäste auf zwei Ebenen. Darüber hinaus gibt es Beispiele wie etwa aus Birmingham, Köln, London oder Wien. In den meisten Fällen war das Oberdeck dieser frühen doppelstöckigen Straßenbahnen nicht überdacht.

Bereits 1881 wurde der Bau einer Straßenbahn im Norden von Hongkong Island vorgeschlagen. Nach nur etwa einem Jahr Bauzeit wurde der erste Streckenabschnitt im Juli 1904 eröffnet. Die Gesellschaft wechselte einige Male ihren Namen. Im Jahr 1912 wurden die ersten Doppelstockwagen in den aktiven Dienst gestellt. Die Streckenverläufe in der Spurweite von 1.067 mm waren zunächst eingleisig verlegt. Erst ab 1949 bemühte man sich um den zweigleisigen Ausbau des inzwischen erweiterten Schienennetzes. Der Einsatz der Wagen erfolgte in Abhängigkeit zum Fahr-

Ein buntes Erscheinungsbild ist bei der Straßenbahn in Hongkong üblich. Bild: C. Wenger

Die einzige doppelstöckige Straßenbahn der Welt im Regelverkehr ist ein günstiges Vergnügen für viele Touristen. Bild: C. Wenger

gastaufkommen. Die ab 1964 eingesetzten Beiwagen hielten sich nicht sehr lange und wurden wieder aufgegeben. Der Regelabstand der Wagen beträgt heute in den Stoßzeiten zwischen 90 und 120 Sekunden. Da sich die Straßenbahnen auf ihrem rund 13 Kilometer langen Straßenbahnnetz die Fahrspuren mit anderen Verkehrsteilnehmern teilen müssen, kann der Abstand auch wesentlich geringer sein.

„Ding Ding" mit Auflösung der Britischen Kronkolonie

Als 1997 die Britische Kronkolonie aufgelöst wurde, lag Hongkong wieder in der Hoheit Chinas. Der Straßenbahnbetrieb wurde nahezu unverändert weitergeführt. Hongkong-Tramways werden auch „Ding Ding" genannt.

Inzwischen wurden einige Modernisierungen an den Wagen vorgenommen. Das Hauptaugenmerk lag dabei vor allem auf der Verkehrssicherheit. Die Fahrzeuge werden mit 550 V Gleichstrom betrieben und erreichen eine zugelassene Höchstgeschwindigkeit von 40 km/h. Über 100 Fahrgäste passen in einen Doppelstöcker, es können aber auch mehr sein. Für Hongkong ist die Straßenbahn nicht nur eines der ältesten Transportmittel der Stadt, sie ist auch das preiswerteste. Seit dem Jahr 2000 ergänzen neue Millennium-Straßenbahnen den Fuhrpark.

Eine Kabel-Straßenbahn

64

Cable Cars – uralt und weltberühmt

Die Cable Cars sind neben der Golden Gate Bridge die bekanntesten Sehenswürdigkeiten der Stadt. Diese Straßenbahnen sind ein regelrechtes Markenzeichen geworden. Bereits 1873 nahmen die Cable Cars in San Francisco ihren Betrieb auf. Der Antrieb der Fahrzeuge erfolgte zunächst mit Dampfmaschinen. In der Feuersbrunst durch das bislang schwerste Erdbeben in der Geschichte der Stadt im Jahr 1906 wurden alle Linien zerstört. Nach der Wiederherstellung der Strecken und Reparatur der Wagen konnte der Betrieb 1912 mit acht Linien wieder aufgenommen werden.

Schließung der Straßenbahn?

Nach der Stilllegung einiger Linien existierten Anfang der 1960er-Jahre nur noch drei Linien. Als der gesamte Betrieb eingestellt werden sollte, setzten die Bewohner der Stadt den Erhalt ihrer Bahn durch. 1964 wurden die Cable Cars zum Nationaldenkmal der Vereinigten Staaten von Amerika erklärt. Noch heute stehen die Linien „Powell-Hyde“, „Powell-Mason“ oder „California Street“ zur Verfügung. Sie sind Pflichtprogramm beim Besuch der Stadt.

Wagen No. 13 der „Powell and Market Line" unter typisch kalifornischem Himmel.
Bild: Stephan Ritter

Wagen No. 6 auf dem Weg zum Fisherman's Wharf. Im Hintergrund Alcatraz Island.
Bild: Stephan Ritter

Etwa zehn Millionen Fahrgäste sind es jährlich, die nach Wartezeiten von bis zu einer Stunde einen Sitzplatz, meist aber nur einen Stehplatz erwischen. Einen „Ritt" auf den Trittbrettern zu ergattern ist leichter. Er bietet zumindest den besten Ausblick auf die Sehenswürdigkeiten. Der etwa 5,7 Kilometer lange Streckenverlauf der Linie „Powell-Hyde" ist besonders beliebt, da er unter anderem einen Ausblick auf die Insel Alcatraz und die Golden Gate Bridge bietet. Die Fahrt endet in der Nähe der berühmten Fisherman's Wharf. Das Auf- oder Abspringen während der Fahrt ist verboten, es ist jedoch immer wieder zu beobachten.

Ein weltweit einmaliger Antrieb

Die Cable Cars sind motorlos. Sie werden seit Anbeginn von einem permanent laufenden Stahlseil in der Gleismitte unter der Fahrbahn gezogen. Dem „Gripman" stehen drei große Sperrenhebel zur Verfügung. Einer ist ein Greifarm, der das Umlaufseil unter der Fahrbahn greift und den Wagen mit sich zieht. Im Notfall können Bremsblöcke aus Hartholz auf die Schienen gedrückt werden. Betreiber ist die San Francisco Municipal Transportation Agency (SFMTA). Die Fahrzeuge erreichen eine maximale Geschwindigkeit von etwa 15 km/h.

Wussten Sie schon?
Die Stadt ist nahezu rund um die Uhr vom Gebimmel der Cable Cars erfüllt. Jeder Fahrer besteht dabei auf „seine" eigene Melodie.

Die historische „F-Line"

Historische PCC-Wagen im Einsatz

65

Eine besondere Straßenbahnlinie stellt in San Francisco die F Market & Wharves, die „F-Line", dar. Auf ihr fahren ausschließlich historische Triebwagen mit elektrischem Antrieb auf einer Spurweite von 1.435 mm. Die Strecke führt von der Fisherman's Wharf entlang der San Francisco Bay quer durch die Stadt über die Market Street bis zum District Castro.

Die historischen Fahrzeuge stammen nahezu ausnahmslos aus den 1950er-Jahren. Sie haben ihren Ursprung in vielen Städten der Welt und sind fester Bestandteil des öffentlichen Verkehrsnetzes von San Francisco. Betreiberin ist die San Francisco Municipal Railway (MUNI). Etwa 20 Stunden sind die Wagen täglich im Einsatz. Die völlig unterschiedlichen Farbgestaltungen der Triebwagen spiegeln die Ursprungslackierungen der Straßenbahn-Unternehmen ihrer Herkunftsstädte wider. 25 verschiedene Unternehmen werden dabei repräsentiert.

Bereits nach dem großen Erdbeben von 1906 entstanden im Rahmen des Wiederaufbaus elektrische Straßenbahnlinien. Ab 1915 wurden weitere Straßenbahnlinien angelegt, teilweise sogar viergleisig. Bis Mitte der 1950er-Jahre stellte die Stadt jedoch einen großen Teil der Linien wieder ein und ersetzte sie durch Busse. In den 1970er-Jahren wurde mit dem Bau der ersten U-Bahn begonnen. Mit deren Fertigstellung kam das Ende der elektrischen Straßenbahn. Ein Teil der Gleise blieb erhalten, die Wagen wurden in einem Depot eingelagert.

Ein Neuanfang mit großem Erfolg

Ab 1987 erneuerte die San Francisco Municipal Railway die noch bestehenden Gleise und restaurierte die alten Wagen. Später wurden noch Peter-Witt-Wagen aus Mailand hinzugekauft. Ihre Herkunft ist noch heute anhand der in italienischer Sprache verfassten Fahrgasthinweise in den Wagen zu erkennen. Die offizielle Eröffnung der Linie fand 1995 statt. Neben der F-Line existiert seit 2015 auch noch die E-Line, deren Streckenverlauf aber weiter in Richtung Süden an der Küste entlang verläuft. Die eingesetzten Wagen verkehren nahezu immer einzeln und sind nicht als Zug gekuppelt. Zahlreiche weitere Wagen stehen noch in Depots und warten auf ihre Aufarbeitung, um ebenfalls wieder eingesetzt zu werden.

Der historische Wagen No. 1008 an der Endhaltestelle Fisherman's Wharf. Bild: Lukas Kriwetz

Der PCC-Wagen No. 1061 der „F-Line" von Market & Wharves am Embarcadero. Bild: Lukas Kriwetz

Gut zu wissen!
An der Haltestelle „The Embarcadero" befindet sich ein kleines Straßenbahnmuseum. Der Eintritt ist frei.

Zürich und das Tram

Gediegene Tradition und Moderne

66

In Zürich wird 1882 die Pferdestraßenbahn oder auch das „Rösslitram" als Privatbahn in den Liniendienst gestellt. Die Fahrzeuge sind auf Normalspur unterwegs, werden aber nach ein paar Jahren auf die Meterspur umgespurt. Ebenfalls von einer privaten Gesellschaft werden ab 1894 erste elektrisch betriebene Straßenbahnen eingesetzt. Um die Fahrzeuge mit Strom versorgen zu können, wird eigens ein Kraftwerk gebaut.

Nur wenige Jahre nach der Inbetriebnahme der elektrischen Tram in Zürich wird diese von der Stadt übernommen. Zu diesem Zeitpunkt sind die Systeme der Linien noch inkompatibel, einige Strecken werden weiterhin von privaten Unternehmen betrieben. Noch vor dem Ersten Weltkrieg ist das Streckennetz weitestgehend ausgebaut. Dennoch wird das Netz kontinuierlich erweitert. Ende der 1940er-Jahre werden die Kraftwagen- und Straßenbahnbetriebe zusammengeführt und die Verkehrsbetriebe der Stadt Zürich (VBZ) entstehen.

Ein großes Netz, das sich weiter entwickelt

Die 1896 gegründete Städtische Straßenbahn Zürich (StStZ) betreibt heute als VBZ größtenteils den öffentlichen Nahverkehr der Stadt. Die Länge des Schienennetzes beträgt knapp 84 Kilometer, der Fuhrpark besteht aus etwa 267 Straßenbahnfahrzeugen. Darunter befinden sich auch Museumswagen, die zeitweise für Sonderfahrten eingesetzt werden. Diese historischen Fahrzeuge hält der Verein Tram-Museum Zürich im betriebsfähigen Zustand. Noch ist die Baureihe Be 5/6, die Cobra-Tram, mit 96 Sitzplätzen und einer Länge von 36 Metern die modernste auf der Schiene. Der Fuhrpark soll jedoch um völlig neue Niederflurtriebzüge ergänzt werden. Zuweilen sind auch Sondertrams auf Zürichs Schienen zu sehen, die für bestimmte Themen umgestaltet werden und eine begrenzte Zeit das Stadtbild prägen.

Wussten Sie schon?
Die Straßenbahnen in Zürich besitzen mancherorts betriebliche Verbindungen zu den meterspurigen Bahnen der Forchbahn und der Glattalbahn. Mit den Überschneidungspunkten werden die Straßenbahnen zu S-Bahnen.

Auch als „Cobra-Tram" bezeichnet, handelt es sich hier um den eigens für die Züricher Tram entwickelten Gelenkmotor-Triebwagen Be 5/6 der Verkehrsbetriebe Zürich (VBZ). Bild: Matthias Frey

Museumswagen 321 der Straßenbahn Zürich. Der Type Ce 4/4 befindet sich an der Haltestelle Central. Bis 1966 standen 50 dieser Triebwagen im aktiven Dienst. Bild: Matthias Frey

Wien – eine Straßenbahnstadt

Bewegte Vergangenheit, tolle Zukunft

67

Wien und die Straßenbahn, das gehört zusammen! Die Straßenbahn als Bestandteil des Stadtbilds hat aber auch eine bewegte Vergangenheit. Bereits 1865 wurde die „Erste privilegierte Kaiser-Franz-Joseph-Pferde-Eisenbahn" eröffnet. Ihr Vorläufer, eine von Pferden gezogene Eisenbahn, stellte Jahre zuvor ihren Dienst ein. Aufgrund des hohen Fahrgastaufkommens kamen auch doppelstöckige Wagen als „Zweispänner“ zum Einsatz.

Ab 1883 schnauften wie in vielen anderen Städten auch erste Dampfstraßenbahnen parallel zu den Pferdebahnen durch die Stadt.

Die Einführung der „Elektrischen"

Mitte der 1890er-Jahre entstanden erste Pläne, die Straßenbahnen in Wien elektrisch zu betreiben. Das Streckennetz hatte eine Länge von über 40 Kilometern erreicht, als 1897 die erste elektrisch betriebene Straßenbahn auf der heutigen Linie 5 durch Wiens Straßen fuhr. Ein Triebwagen der späteren Type A wurde als erste „Elektrische“ eingesetzt. Damit war das Ende der Pferdestraßenbahn absehbar, 1903 fuhr schließlich die Letzte. 1907 hatte Wien alle noch in Privathand befindlichen Betriebe übernommen. Die Elektrifizierung aller Strecken Wiens und die Einstellung des Dampfbetriebes erfolgte jedoch erst 1922. Die größte Netzdichte erreichte Wiens Straßenbahn Ende 1920 mit über 300 Kilometern. Die schweren Folgen des Zweiten Weltkrieges führten ab April 1945 zu einer stufenweisen Einstellung des Betriebes. Erst fünf Jahre nach Kriegsende konnten die meisten Linien wieder hergestellt werden.

„Amerikaner“, gebrauchte Triebwagen aus den USA, prägten jetzt neben reparierten Fahrzeugen das Stadtbild. In den 1950er-Jahren wurde auch in Wien die Straßenbahn als Verkehrshindernis angesehen. Mit der Eröffnung der U-Bahn in Wien im Jahr 1978 kam es zu zahlreichen Stilllegungen von Streckenabschnitten, aber auch von ganzen Strecken.

Wiens Straßenbahn konnte ihren Charme erhalten

Die normalspurige Straßenbahn in Wien wird heute nicht mehr in Frage gestellt, sondern wieder ausgebaut und erweitert. Mit 28 Linien, über 500 Straßenbahnzügen und einer Linienlänge von rund 225 Kilometern werden über 306 Millionen Fahrgäste pro Jahr befördert (Stand 2016).

Die Wiener Linien setzen neben modernen Niederflurfahrzeugen für den Alltagsverkehr auch historische Wagen ein. Dann ist der Andrang groß. Bild: Bildarchiv/Wiener Linien

Wiens erste Elektrische: der Zug der späteren Type A in der Wallgasse beim Raimundtheater. Sie ist der Vorgänger der Linie 5. Bild: Bildarchiv/Wiener Linien

Die Tram zum Café Tomaselli

68

Oberleitungsbusse ersetzen die Straßenbahn

Die Salzburger Local-Bahn betreibt ab 1886 eine Dampfstraßenbahn. Diese Strecke wird bald auch von der Pferdebahn genutzt. 1888 wird die SLB zur SETG, der Salzburger Eisenbahn- & Tramwaygesellschaft. Mit ihr erhält die Salzburger Straßenbahn eine eigene, normalspurige Strecke.

Der Ausbau des Streckennetzes führt zu einer Anbindung der linken Altstadt und der Bahnstrecke Salzburg–Berchtesgaden. Ab 1908 erfolgt die Elektrifizierung der Straßenbahnstrecken und damit die Einstellung der Pferdestraßenbahn. Das Streckennetz der „Gelben Elektrischen" erstreckt sich nun auf einer Länge von 2,95 Kilometern. Die unterschiedlichen Linien erhalten keine Nummern. Die Fahrzeuge der Straßenbahn sind gelb, die der Lokalbahn rot lackiert, die K.Bay.St.B. erreicht Salzburg mit der „Grünen Elektrischen". Im Jahr 1940 wird der Salzburger Straßenbahnbetrieb durch Oberleitungsbusse ersetzt, die bis heute eingesetzt werden. Betreiber ist die Stadt Salzburg.

Ein historischer Straßenbahnwagen der „rasenden Eierspeis". Die „Gelbe" erreichte in ihrem Verlauf durch die Altstadt auch das berühmte Café Tomaselli. Bild: Mario Buchner

Die Zukunft ist da!

69

Nichts bleibt, wie es ist

Die Mobilität der Zukunft muss energieeffizienter werden, aber sie wird auch schneller. Weder Motoren noch ihre erforderliche Energie dürfen daher in den Fahrzeugen mitgeführt werden. Ein frühes Ergebnis dieser Forschung ist der Transrapid. Dass man auch für Straßenbahnen neue Wege gehen will, zeigt das Beispiel von SkyTran, einem Unternehmen der NASA. Auch hier spielt Magnetismus die entscheidende Rolle.

Der Personal Rapid Transit erhält seine Energie aus magnetischer Levitation. SkyTran hat bereits das Patent. Zwei-Mann-Kapseln hängen an einem Stangensystem. Computergesteuert und führerlos sollen die Fahrgäste sicher, schnell und vor allem ökologisch etwa sechs Meter über den Straßen befördert werden. Mit unvorstellbar geringer Energie kann ein Fahrzeug auf eine Spitzengeschwindigkeit von 200 km/h und mehr beschleunigt werden. Visionäre und ihre Ideen werden gerne belächelt. So manche Idee ist jedoch heute aus unserem Alltag nicht mehr wegzudenken. Ganz nach dem Motto: „Morgen ist heute schon gestern“ (Rainer M. Papenfuss).

Die Straßenbahn der Zukunft? In Tel Aviv entsteht eine Testanlage, weitere sind geplant. Bild: mit freundlicher Genehmigung von www.skytran.com.

Straßenbahnen im Krieg

Ein Zeichen von Normalität

70

Straßenbahnen wurden schnell ein Teil des Krieges. Aufgrund der Rationierung von Reifen, Benzin und vielen Materialien wurde ein großer Teil der Transporte von Lkws und Bussen auf Straßenbahnen verlegt. Neben dem enormen Anstieg des Fahrgastaufkommens musste von Straßenbahnen auch der Güter-, Schlepp- und Postbetrieb übernommen werden.

Zur Erfüllung militärischer Aufgaben kamen Busse andernorts zum Einsatz, Lkws gab es kaum noch. Mit der Zunahme der Luftangriffe waren zwangsläufig auch Straßenbahnen betroffen. Nicht immer wurden sie selbst getroffen, die Druckwellen der Sprengbomben aber zerstörten ihre Fenster oder hoben sie aus den Schienen und zerdrückten sie. Um den Betrieb aufrecht zu erhalten, wurden die Strecken wieder freigeräumt und beschädigte, jedoch noch brauchbare Straßenbahnfahrzeuge in einen einigermaßen betriebsbereiten Zustand versetzt. In diesen Tagen waren Straßenbahnen in den Städten ein wesentliches Transportmittel. Mit ihnen wurden neben Lebensmitteln und Baumaterialien auch Bauschutt und Leichen transportiert.

Durch die Zerstörung zahlloser Gebäude fanden Soldaten in den Betriebsräumen und Remisen der Straßenbahnen eine vorübergehende Unterkunft. Bild: Bildarchiv/ Wiener Linien

Die totale Zerstörung: Wagen 2123 nach einem Sprengbombenangriff 1945 am Schottentor in Wien. Bild: Bildarchiv/Wiener Linien

„Die gute alte Straßenbahn" in schlimmen Zeiten

Da mit Straßenbahnen Material zur Errichtung von Schutzeinrichtungen wie etwa Bunker für die Zivilbevölkerung aber auch Waffen und Munition transportiert wurden, waren auch sie erklärtes Ziel feindlicher Bomber. Für viele aber waren die unermüdlich durch die Straßen fahrenden Straßenbahnen auch ein Zeichen der Normalität.

Gegen Ende des Krieges erreichte der Fahrzeugpark vieler Städte einen bedenklichen Stand, zahlreiche Strecken kamen dadurch zum Erliegen. Arbeitskräfte zur Wiederherstellung von Schienen und Fahrzeugen fehlten überall. Mit dem Zukauf von Straßenbahnwagen aus anderen Städten sollte Abhilfe geschaffen werden. Auch sogenannte „Stehwagen", Fahrzeuge, aus denen Sitzreihen entfernt wurden, fanden Verwendung. Damit konnten noch mehr Fahrgäste transportiert werden. Stand keine Straßenbahn mehr zur Verfügung, übernahmen auch leichte Dampflokomotiven auf den Straßenbahnschienen den Dienst. Diese „Hilfsstraßenbahnen", im Prinzip ein Feldbahnzug, bestanden aus einer ganzen Reihe von nicht überdachten Personenloren aus Holz, in denen Fahrgäste befördert wurden. Mit dem beginnenden Wiederaufbau nach dem Kriegsende standen auf so mancher Strecke bereits Busse im Dienst. Nicht auf jeder dieser Linien würde später auch wieder eine Straßenbahn fahren.

Kriegsstraßenbahnwagen (KSW)

Der Straßenbahnwagen-Einheitstyp

71

Im Zweiten Weltkrieg wurden zahlreiche Straßenbahnwagen zerstört. Um die fehlenden Wagen ersetzen zu können, wurde darauf geachtet, dass sie in einfachster und vor allem einer materialsparenden Ausführung produziert wurden. Ausschließlich der allerdringlichste Bedarf durfte gedeckt werden. Insgesamt wurden ab 1943 215 Triebwagen und 368 Beiwagen von den Firmen AEG, BBC, Duewag, Fuchs und Siemens-Schuckert gebaut.

Die noch bis 1950 produzierten Fahrzeuge waren spartanisch ausgestattet, aber dennoch robust gebaut. Eine günstige Aufteilung und das Fehlen von Trennwänden erlaubte 16 Sitzplätze aus Holz im Trieb- und im Beiwagen sowie 68 Stehplätze im Triebwagen und 78 im Beiwagen. Zugunsten des Fassungsvermögens verringerte man die Anzahl der Sitzplätze. Damit sollten die Erfordernisse dieser Zeit erfüllt werden. Besonders betroffene Städte wie Berlin, Danzig, Dresden, München, Wien und einige mehr hätten noch in den letzten Jahren des Krieges diese Fahrzeuge erhalten sollen. Nahezu alle dieser Kriegsstraßenbahnwagen wurden jedoch erst nach Ende des Krieges ausgeliefert. Darunter befanden sich auch die Prototypen.

Einfach, aber genial

Triebwagen sowie Beiwagen waren ausschließlich zweiachsig, ihr Achsstand betrug 3.000 mm. Mit einer Länge von 10.400 mm waren die Wagen mit den damals üblichen zweiachsigen Straßenbahnwagen vergleichbar. Der Triebwagen mit einem Leergewicht von 10.300 Kilogramm wurde von einem Fahrmotor mit 60 kW an jeder Achse angetrieben. Diese Wagen wurden für Spurweiten von 1.000 mm und 1.435 mm produziert. Sowohl der Triebwagen als auch die Beiwagen waren mit Magnetschienenbremsen ausgerüstet. Zunächst waren die Fahrzeuge als sogenannte Zweirichtungswagen aufgebaut. Sie galten als schnell und wurden von den Fahrgästen gegenüber den konventionellen Straßenbahnen oft bevorzugt. Später wurden etliche dieser Wagen modernisiert und unter anderem andere Bremssysteme, bei einigen Fahrzeugen sogar automatische Türen nachgerüstet. Lange konnte man sie noch im Dienst der Verkehrsbetriebe als Salzstreutrieb- oder Werkstattwagen im Einsatz beobachten. Noch heute sind einige KSW als Museumsfahrzeuge in einem betriebsbereiten Zustand erhalten.

Der Kriegsstraßenbahnwagen Nummer 725 als Linie 19 nach München-Pasing. Bild: Archiv der Freunde des Münchner Trambahnmuseums e.V.

Die Linie 1 nach Berg am Laim in München mit zwei Beiwagen: der Kriegsstraßenbahnwagen 723. Bild: Archiv der Freunde des Münchner Trambahnmuseums e.V.

Ein Amerikaner in Wien

Straßenbahnen aus Übersee

72

Ende des Zweiten Weltkrieges sind weit mehr als die Hälfte der Fahrzeuge der Wiener Straßenbahn zerstört oder beschädigt. Nach einem kurzen Stillstand kann der Betrieb in kleinen Teilen wieder aufgenommen werden. Bis ein Großteil des Streckennetzes wieder hergestellt ist, sollen weitere fünf Jahre vergehen. Ab 1948 tritt der Marshallplan in Kraft. Die Stadt Wien erhält durch dieses Wiederaufbauprogramm aus den USA Straßenbahnfahrzeuge.

Aus New York kommen 42 betriebsbereite Triebwagen nach Wien. Hier werden die 1939 produzierten Fahrzeuge an die örtlichen Gegebenheiten angepasst. Sie erhalten die Typenbezeichnung Z und die Betriebsnummern 4201 bis 4242. Mit einer Kastenbreite von 2.494 mm sind die „Amerikaner" etwas korpulenter als die üblichen Fahrzeuge in Wien. Ab 1950 werden sie auf der Linie 331 zwischen Franz-Josefs-Kai und Stammersdorf eingesetzt. Diese und ein paar weitere Strecken weisen durch den früheren

Ein „Amerikaner" am Haken. Mit schweren Kränen werden 1949 die Neuankömmlinge in Rotterdam vom Schiff auf Eisenbahnwagen gehoben. Bild: Bildarchiv/Wiener Linien

Die Type Z mit der Nummer 4208 auf einer Veranstaltungsfahrt zwischen Floridsdorf und Stammersdorf im Jahr 1986. Bild: Bildarchiv/Wiener Linien

Betrieb von Dampfstraßenbahnen einen größeren Gleisabstand auf. Auf allen diesen Strecken werden nun „Amerikaner" eingesetzt, darunter auch auf der Linie 11. Die Fahrzeuge stehen hier noch bis zu ihrer endgültigen Ausmusterung im Jahr 1969 im aktiven Dienst.

Die Amerikaner sind ungewohnt modern

Die Triebwagen der Type Z gelten für diese Zeit als sehr modern. Ihre Zweiersitze sind bereits gepolstert und nicht mehr aus blankem Holz. Die Lehnen können entsprechend der Fahrtrichtung umgeklappt werden, sodass die Fahrgäste auf Wunsch immer in Fahrtrichtung sitzen können. Die „Amerikaner" sind auch die ersten Straßenbahnfahrzeuge in Wien, deren Türen während der Fahrt geschlossen sind. Der Einstieg wird durch ausklappbare Aufstiege deutlich erleichtert. Auch gelten die Fahrzeuge als leistungsstark und wendig.

Ein vierachsiger Zweirichtungstriebwagen der Type Z ist in der „Remise", dem Verkehrsmuseum der Wiener Linien, noch heute in einem betriebsbereiten Zustand erhalten. Der Wagen mit der Nummer 4208 entspricht dem Betriebszustand aus dem Jahr 1950. Weitere Fahrzeuge dieser Bauart sind andernorts noch vorhanden, sie befinden sich jedoch leider nicht mehr in einem betriebsbereiten Zustand.

Triebwagen der Baureihe A

Wagen Nr. 256 ist noch heute betriebsbereit

73

Bereits 1895 begann die privat betriebene Münchner Trambahn Aktiengesellschaft mit der Elektrifizierung des Streckennetzes. Der Betrieb erfolgte zu diesem Zeitpunkt noch mit Pferde- oder Dampftraktion. Zunächst wurden zweiachsige Triebwagen beschafft, die bald durch modernere und vor allem größere Fahrzeuge ergänzt werden sollten.

Im Jahr 1897 wurden 250 Fahrzeuge bestellt, eine für damalige Verhältnisse große Stückzahl. Die Auslieferung und Inbetriebnahme der Fahrzeuge erfolgte in den Jahren zwischen 1898 und 1902. Hersteller der Wagenkästen war die Münchner Firma Rathgeber. Die Untergestelle lieferte die Bergische Stahlindustrie in Remscheid. Diese sogenannten „Maximumdrehgestelle" waren mit Rädern unterschiedlich großer Durchmesser versehen. Die Hauptlast lag dabei auf der Achse mit den größeren Rädern.

Ein modernes Fahrzeug wird nochmals modernisiert

Die Triebwagen der Baureihe A waren bereits mit verglasten Plattformen und Druckluftbremsen ausgestattet. Üblicherweise waren die Führerstände der Fahrzeuge dieser Zeit noch offen. Die A 2.2-Wagen mit ihrer Gesamtlänge von 9.000 mm hatten ein Gewicht von etwa 12 Tonnen. Die Leistung bezogen die Fahrzeuge aus zwei Motoren mit je 18,4 kW, die später gegen stärkere Motoren von unterschiedlichen Herstellern mit jeweils 33 kW ausgetauscht wurden. In weiteren Modernisierungen veränderten sich die Seitenfenster sowie die Anzahl der Plätze. Auch erhielten sie Scheinwerfer, ein paar Triebwagen wurden in den 1950er-Jahren mit Scherenstromabnehmern ausgerüstet. Noch vor dem Zweiten Weltkrieg wurden durch einen Umbau zwei Zwillingsfahrzeuge produziert. Dazu wurden vier dieser Fahrzeuge entsprechend angepasst und miteinander verbunden. Sie stellten aber eine Besonderheit dar und blieben Einzelstücke. Die A 2.2-Wagen prägten über viele Jahre das Münchner Stadtbild. Nach der Ausmusterung der markanten Triebwagen aus dem regulären Linieneinsatz in den späten 1950er-Jahren wurden einige Fahrzeuge zu Arbeitswagen umgebaut und bis 1960 genutzt. Wagen Nr. 256 ist nach einer kompletten Überarbeitung wieder betriebsbereit. Er zeigt sich im Betriebszustand von 1925. Ohne Schienenbremsen ist seine Geschwindigkeit auf 30 km/h beschränkt.

Letzte Einsätze: Gut „getarnt" ist der A 2.2-Wagen als Werbewagen für die Zigarette „Collie" auf der Maximiliansbrücke in München unterwegs. Bild: Archiv der Freunde des Münchner Trambahnmuseums e.V.

Der betriebsbereite Triebwagen aus dem Jahr 1901. Exponat: MVG Museum, Bild: Stefan Friesenegger

Großer Hecht, tolle Story

Weltrekord als schnellste Straßenbahn

74

Moderne Straßenbahnen sind aus Gründen der Sicherheit gedrosselt. Viele Fahrzeuge erreichen daher bereits mit 60 km/h das Ende der Fahnenstange. Diese Drosselung gab es bei früheren Straßenbahnen nicht, sie besaßen nicht einmal einen Tacho. Der „Große Hecht" war mit einer Höchstgeschwindigkeit von 70 km/h ausgewiesen, doch er erreichte als bauübliche Straßenbahn einen Weltrekord mit stolzen 98 km/h, der bis heute Gültigkeit hat.

Seinen Namen verdankt der 1930 eingeführte Triebwagen den elegant wirkenden Verjüngungen an beiden Enden seines Gehäuses. Diese erhielt er jedoch nicht aus kosmetischen Gründen. Durch sie konnte das 15.500 mm lange Fahrzeug verhältnismässig enge Radien durchfahren, ohne dabei mit entgegenkommenden Fahrzeugen zu kollidieren. Für seine Zeit galt dieser als Großraumfahrzeug konzipierte Triebwagen als ausgesprochen modern. Ihm wurden vor allem ein ruhiger Fahrkomfort und eine zu dieser Zeit hohe Sicherheit zugeschrieben.

Die Entwicklung von Professor Alfred Bockemühl geht auf die Zeit zwischen 1929 und 1930 zurück. Im Jahr 1930 wurde das Fahrzeug erstmals der Öffentlichkeit in Dresden vorgestellt und auf den Linien 11 und 15 getestet. Die Hechtwagen erfüllten die in sie gesetzten Erwartungen in vollem Umfang. Mit der Umwandlung der Städtischen Straßenbahn Dresden in eine Aktiengesellschaft erhielten die Fahrzeuge ihre cremefarbene Lackierung.

Fahrzeuge mit mehreren Millionen Kilometer

Die Auslieferung der Serienfahrzeuge erfolgte in den Jahren 1931 bis 1954. Einige dieser Fahrzeuge wurden auch noch als Ersatz für die im Zweiten Weltkrieg zerstörten Fahrzeuge angeschafft. Der „Große Hecht" war als vierachsiges Fahrzeug mit zwei Drehgestellen ausgestattet. Sein Leergewicht beträgt 21 Tonnen. Der Triebwagen bietet Platz für 111 Fahrgäste und wird damit seiner Bezeichnung als Großraumfahrzeug gerecht. Ausreichend Vortrieb erzeugt je Achse ein Fahrmotor mit 55 kW. 35 dieser Fahrzeuge wurden insgesamt produziert. Ab 1934 wurden für Linien, auf denen der „Große Hecht" nicht ausgelastet werden konnte, ein kleinerer Triebwagen entwickelt. Dieser „Kleine Hecht" besitzt ein kürzeres Gehäuse mit nur zwei Achsen. Seine Leistung liegt

Der „Große Hecht" – elegantes Fahrzeug und zugleich Weltrekordhalter. Bild: DVB AG

bei 110 kW. Nach Feststellung von Verschleißerscheinungen und einer letztmaligen Überarbeitung mehrerer Bauteile kam 1973 nach einer enormen Laufleistung das Dienstende des „Großen Hechtes".

Legendäres Fahrzeug mit Besonderheiten

Es ist nicht verwunderlich, dass dieses Fahrzeug noch heute seine Liebhaber hat. Neben dem eleganten Aussehen hat er schließlich einiges zu bieten. Entsprechend der Fahrtrichtung kann die nicht benötigte Fahrerkabine eingeklappt werden. Mit wenigen Handgriffen entsteht damit im Bedarfsfall ein weiterer Platz für Fahrgäste. Seine zwei Drehgestelle verleihen ihm einen außerordentlich ruhigen Lauf. Anstelle einer Kurbel muss der Fahrer nur noch Schaltknöpfe betätigen, das war für diese Zeit ausgesprochen modern. Nach Dienstende 1973 wurde der Tw 1702 als Denkmal am Johanneum ausgestellt. Historische Dresdner Straßenbahnfahrzeuge, so auch der „Große Hecht", werden im Straßenbahnmuseum Dresden e.V. gesammelt. Tw 1716 ist noch heute betriebsbereit erhalten und kann zu besonderen Anlässen auf Dresdens Schienen bestaunt werden.

Wussten Sie schon?

Aufgrund der hohen Popularität dieser Straßenbahnwagen wurden maßstabsgetreue Modelle angefertigt, auch als lauffähige, handlackierte Handarbeitsmodelle aus Messing.

Die Tatra-Schmiede

75

Das meistproduzierte Straßenbahnfahrzeug

Der Hersteller von Straßenbahnen und Eisenbahnwagen Vagonka Tatra Smíchov n.p. wird 1946 in der Tschechoslowakei gegründet. Unter Lizenz entstehen hier auch die berühmten amerikanischen PCC-Wagen. Zulieferer der elektrischen Bauteile ist die ČKD mit Sitz in Prag. In den ab 1951 produzierten Straßenbahnwagen der Type T1 spiegeln sich viele konstruktive Merkmale der PCC-Wagen wider. Die Vagonka Tatra Smíchov n.p. wird ab 1963 zur ČKD Tatra. Tausende Tatra-Straßenbahnwagen werden gefertigt. Das „Werk Tatra" wird zu einem der bedeutendsten Betriebe des Landes. Die Produktionszahlen sprechen für sich. Unter Berücksichtigung aller Varianten erstreckt sich das Produktionsvolumen auf weit über 22.000 Straßenbahnfahrzeuge. Zu Beginn in den Ländern des Ostblocks eingesetzt, kommen auch die USA, Ägypten und Nordkorea als Abnehmer hinzu.

In der Weiterentwicklung der Typen T1 und T2 entsteht ein vierachsiger Großraumwagen mit modernen Drehgestellen als Typ T3. Er kann sowohl als Einzelwagen als auch gekuppelt mit bis zu drei Wagen eingesetzt werden. Mit knapp 14.000 Fahrzeugen gilt er als das meistproduzierte Straßenbahnfahrzeug der Welt. Mitte der 1960er-Jahre beschließt die DDR den Kauf von Straßenbahnfahrzeugen von ČKD Tatra. Dafür wird ein spezieller Wagen entwickelt, da der T3 aufgrund der zu geringen Gleisabstände zu breit ist. Der nun zur Verfügung stehende T4D entspricht im Prinzip dem T3. Er unterscheidet sich aber vor allem durch seine schlanke Kastenbreite von nur 2.000 mm.

Tatra-Wagen stehen noch heute treu im Dienst

Die unterschiedlichen Fahrzeugtypen sind im Rahmen eines Schemas gekennzeichnet. In den Jahren der Produktion wurden diese Kennzeichnungen immer wieder ergänzt und angepasst. Ein Jahr nach der Insolvenz von ČKD im Jahr 2000 übernimmt die Siemens AG das Unternehmen und integriert es in die Business-Sparte Transportation Systems (TS). Noch immer sind in einigen Städten Deutschlands, aber auch in Osteuropa, Tatra-Straßenbahnfahrzeuge im Einsatz. Zahlreiche Liebhaber suchen heute in den Städten nach diesen inzwischen immer weniger werdenden Fahrzeugen.

Ein T4D ist am Georgplatz in Richtung Hauptbahnhof unterwegs. Im Hintergrund Dresdens Rathaus. Bild: DVB AG

Über Jahrzehnte ein gewohntes Bild: Die Tatra-Wagen auf dem Postplatz, der als zentraler Umsteigeplatz dient. Das Bild wurde vom Schauspielhaus Dresden aufgenommen. Bild: DVB AG

Ein besonderer Triebwagen

President Conference Committee – PCC

76

Die ersten PCC-Straßenbahnwagen wurden von den amerikanischen Herstellern Pullman Standard und St. Louis Car Company produziert. Seinen Ursprung hat der PCC-Wagen einer Präsidentenkonferenz der US-Verkehrsbetriebe zu verdanken. Das „President Conference Committee“ erarbeitete in den 1930er-Jahren ein Konzept für einen Einheitswagen.

Diese sogenannten PCC-Wagen wurden mit einem einfachen, aber robusten Aufbau als kostengünstiger Großraum-Straßenbahnwagen konzipiert. Das Fahrzeug zeichnete sich durch eine hohe Zuverlässigkeit aus, sodass sich diese mit zwei Drehgestellen ausgestatteten Vierachser bald in vielen Ländern dieser Erde ausbreiteten und sogar unter Lizenz von zahlreichen Betrieben gebaut wurden, auch in Europa. Einen ausreichenden Vortrieb erhielten die PCC-Wagen durch einen Antrieb an allen vier Achsen.

Dieser PCC-Wagen No. 1067 wurde als Hommage an das 1962 stillgelegte Straßenbahnnetz „D.C. Transit“ gestaltet. Im Hintergrund ist der Uhrturm des Ferry Buildings in San Francisco zu sehen. Bild: Lukas Kriwetz

Ein PCC-Wagen in der Farbgebung der San Francisco Municipal ist auf der Market Street unweit des Civic Centers unterwegs. Bild: Lukas Kriwetz

Ihre abgerundeten Fahrzeugenden machten sie zu einem gern gesehenen Erscheinungsbild in den Städten. In den Vereinigten Staaten wurden PCC-Wagen aus Aluminium mit vier Achsen produziert, später in Europa auch mit zwei dreiachsigen Drehgestellen. Ende der 1940er-Jahre wechselten zahlreiche Fahrzeuge ihre Heimat und fanden einen neuen Einsatzort, wie etwa in San Francisco, wo sie noch heute für die „F-Line" im aktiven Dienst stehen. Aber auch in Toronto oder in Bosten sind oder waren diese Fahrzeuge zu Hause. Wie überall auf der Welt bekamen auch hier die Straßenbahnen zu dieser Zeit eine starke Konkurrenz durch Pkws und Busse.

Ein stetiger Rückgang ist zu verzeichnen

Im Rahmen seines weit ausgedehnten Netzes an öffentlichen Verkehrsmitteln betreibt die Stadt Bosten noch heute eine etwa vier Kilometer lange klassische Straßenbahnlinie zwischen Ashmond und Mattapan. Die „Green Line" wird aus einem im Prinzip eigenständigen System mit Strom aus der Oberleitung versorgt. Für die mehrfach aufgearbeiteten PCC-Wagen ist jedoch aufgrund der inzwischen hohen Instandhaltungskosten auch im Raum Bosten ein Ende abzusehen. Weltweit sind Straßenbahnliebhaber von der Formensprache der PCC-Wagen begeistert. PCCs gelten als echte Kult-Fahrzeuge.

Kuriosität Trenovia di Opicina

Adhäsions- und Standseilbahn zugleich

77

Die Trenovia di Opicina stellt eine technische Besonderheit dar. Sie ist Adhäsionsstraßenbahn und zugleich Standseilbahn. Ein Abschnitt der über fünf Kilometer langen Strecke weist eine Neigung von 26 Prozent auf, über die die Straßenbahn von einem Standseilbahnwagen geschoben wird. Dieser wird von den Fahrern der Straßenbahnwagen ferngesteuert. Einige Abschnitte der Adhäsionsstrecke besitzen eine maximale Steigung von bis zu acht Prozent.

Von einem Standseilbahnwagen geschoben

1902 nimmt die Trenovia di Opicina ihren Betrieb auf. Ein paar Jahre später wird die Strecke bis zum Staatsbahnhof Opicina verlängert. Zunächst schieben separate Zahnrad-Lokomotiven die Straßenbahnen auf der Steilstrecke. Ab 1927 wird der Zahnradbetrieb durch eine Standseilbahn ersetzt, die ein Jahr später ihren Betrieb aufnimmt. Seit 2005 ist eine neue Generation von Standseilbahnwagen im Einsatz. Der Antrieb befindet sich in der Bergstation Vetta Scorcola. Die Straßenbahnen erreichen auf dieser Strecke eine Geschwindigkeit von 12 km/h. Im Gegensatz zur ersten und zur zweiten Generation besitzen diese Wagen weder Aufbau, Überdachung noch Stromabnehmer. Lediglich zwei Klappsitze sorgen für eine bequeme Mitfahrt für Mitarbeiter der Bahn.

Wagen der zweiten Generation: Diese 4.980 mm langen Standseilbahnwagen der Schweizer Firma BELL Maschinenfabrik AG mit Kabine und Stromabnehmer waren bis 2005 im Einsatz. Bild: Stefano Paolini, www.photorail.com

Der Wagen 406 stammt aus dem Jahr 1942. Nach ein paar hundert Metern als Adhäsionsbahn in Triest wird aus ihr eine Standseilbahn. Bild: Lukas Kriwetz

Bitte Einfädeln!

Es ist ein einfaches und gleichzeitig geniales System. Die Straßenbahnwagen der Stadt Triest fahren von ihren Gleisen auf die der Bergbahn. Nach Stellen einer Weiche fährt die Straßenbahn ein paar Meter zurück. Hier setzt sie sich rückwärts an den Puffer des Hilfswagens der Standseilbahn. Angekuppelt wird der Straßenbahnwagen nicht. Durch den Straßenbahnfahrer wird das Hilfsfahrzeug ferngesteuert, wobei auch hier der talwärts fahrende Wagen den aufwärts fahrenden schiebt.

Wussten Sie schon?

Das ist selten: Die Türen und damit die Bahnsteige dieser Bahn befinden sich auf einer Seite, obwohl die Straßenbahnen als sogenannte Zweirichtungs-Fahrzeuge konstruiert sind.

Straßenbahn auf Gummireifen

78

„Führungsschienengebundene" Fahrzeuge

Sie sind schienengebundene Fahrzeuge und nicht frei lenkbar, fahren aber auf Gummireifen. In China, Frankreich, Italien und Kolumbien werden diese niederflurigen „Pneu-Trams“, wie sie von den Schweizern genannt werden, eingesetzt.

Doch was hat es mit der „Straßenbahn auf Gummireifen“ auf sich? Es handelt sich um sogenannte spurgeführte Busse mit Oberleitung. Damit ist das Fahrzeug eine Mischung aus Bus und Straßenbahn. Ihre Bezeichnung „tramway sur pneumatiques“ haben sie von ihrem Hersteller Translohr (Lohr Industries) aus Frankreich. Auch Bombardier produziert diese Fahrzeuge, die keine eindeutige Bestimmung haben. Sie müssen daher in Abhängigkeit zum jeweiligen Land unter Umständen ein Kennzeichen tragen. Ihre Vorteile liegen im deutlich günstigeren Streckenbau. Die Fahrzeuge können auf Eigentrassen eine Geschwindigkeit von bis zu 70 km/h erreichen. Der höhere Rollwiderstand erfordert allerdings mehr Energie.

Wusssten Sie schon?

Die Fahrzeuge werden durch zwei in einem rechten Winkel zueinander gestellten Rädern, die in eine Führungsschiene eingreifen, geführt.

Der Translohr APS15 nach Guizza. Im Hintergrund die Basilika des Heiligen Antonius von Padua. Aus Gründen des Denkmalschutzes wird hier etwa 600 Meter mit Batterie gefahren. Bild: Lukas Kriwetz

Verirrt auf falsche Gleise?

79

Dampfzug vs. Straßenbahn

Darmstadt erhält 1846 einen Anschluss an die Main-Neckar-Bahn. Um auch die lokalen Bedürfnisse zu erfüllen, wird 1886 eine meterspurige Vorortbahn von der Süddeutschen Eisenbahngesellschaft (SEG) eröffnet. Der Betrieb erfolgt mit Dampftraktion. Um den zunehmenden innerstädtischen Verkehr entsprechend bedienen zu können, entschließt sich die Stadt Darmstadt nur ein Jahr später zum Bau einer elektrischen Straßenbahn. Aus beiden Betrieben wird die Hessische Eisenbahn AG (HEAG).

Mit dem Ausbau des Straßenbahn-, aber auch des Vorortstreckennetzes und der damit verbundenen Umstellung auf den elektrischen Betrieb ist die letzte Dampfstraßenbahn in Darmstadt und Umgebung 1922 unterwegs. Seit 1997 strampelt der „Feurige Elias" gemeinsam mit der HEAG mobilo GmbH regelmäßig auf Straßenbahnschienen, an zwölf Sonntagen sogar mitten durch die Stadt. Mit dem großen Erfolg der Bahn entstand die Arbeitsgemeinschaft Historische HEAG-Fahrzeuge.

Der Dampfzug „Feuriger Elias" mit Lok 7 und Beiwagen fährt auf den Gleisen der Straßenbahn. Die Linie 8 überholt den Dampfzug, der gerade zu einer Probefahrt unterwegs ist, an der Haltestelle Malchen in Darmstadt. Bild: Arbeitsgemeinschaft Historische HEAG-Fahrzeuge

Die Zacke, eine Besonderheit!

Deutschlands einzige Zahnradstraßenbahn

80

Seit 1884 befördert in Stuttgart zwischen Marienplatz und Degerloch eine Zahnradstraßenbahn Güter und Fahrgäste. Sie zählt damit zu den ältesten Zahnradbahnen Deutschlands. Die älteste transportiert bereits um 1876 Eisenerz für die königliche Gießerei Wasseralfingen bei Aalen. Mit der Eröffnung im Jahr 1883 ist die Drachenfelsbahn die älteste deutsche Zahnradbahn für die Personenbeförderung.

Zurück nach Stuttgart: Die als „Zacketse" oder kurz „Zacke" bezeichnete Straßenbahn überwindet auf einer Spurweite von 1.000 mm einen Höhenunterschied von 210 Metern. Die größte Neigung auf der Strecke liegt bei 17,8 Prozent, auf dem Betriebsgleis zum Depot Filderstraße sogar bei 20 Prozent. Um diese Steigungen überwinden zu können, wurde zunächst das System „Riggenbach" verwendet. Heute verläuft die Zahnradbahn jedoch häufig im Straßenbereich. Daher müssen die Zahnstangen

Bereits 1904 wurde der Betrieb mit elektrischen Triebwagen aufgenommen.
Bild: Archiv Stuttgarter Straßenbahnen AG

Die vierachsigen Zahnradtriebwagen der Bauart ZT 4, Baujahr 1982, wurden ab 2001 generalsaniert und 2010 nochmals aktualisiert. Hier nähert sich der Wagen „Helene" dem Marienplatz. Bild: Stefan Friesenegger

mit der Asphaltoberfläche bündig sein. Für diesen Zweck wurden eigene Zahnstangen hergestellt, was jedoch zur Folge hat, dass die Zacke nur auf ihren Gleisen fahren kann. Die vierachsigen Wagen der Maschinenfabrik Augsburg-Nürnberg (MAN) sind an den talseitigen Achsen der beiden Fahrgestelle mit je einem Zahnrad ausgestattet.

Emil Kessler, Gründer der Maschinenfabrik Esslingen, stellt 1883 den Antrag zur Konzession für eine Dampfstraßenbahn. Ein Jahr später wird die Filderbahngesellschaft AG gegründet und die Zahnradbahn eröffnet. Die heutige Betreiberin ist die Stuttgarter Straßenbahnen AG (SSB). Ein vollständiger Zug mit historischen Fahrzeugen, bestehend aus Trieb- und Vorstellwagen, ist in der Straßenbahnwelt Stuttgart-Bad Cannstatt ausgestellt.

Eine Stuttgarter Besonderheit

Fahrräder können mit der Zacke kostenlos auf der knapp 2,2 Kilometer langen Strecke mitgenommen werden. Dazu wird eine Fahrradlore der Waggon-Union Berlin vor dem Zug hergeschoben. Sein Fahrrad stellt der Fahrgast auf diesem speziellen Fahrradwagen selbst ab.

Wussten Sie schon?

Die Zacke ist die einzige Zahnradbahn Deutschlands, die innerstädtische Aufgaben wahrnimmt und mit Verbundtickets benutzt werden kann. Neben der Zacke sind in Deutschland nur noch die Drachenfels-, die Wendelstein- und die Zugspitzbahn als Zahnradbahn in Betrieb.

Die kleinsten der Welt

Auch auf der Modellanlage ganz groß

81

Weltweit werden Modellstraßenbahnen heute fast in allen Nenngrößen von Z bis hin zur Gartenbahn angeboten. Ob Handarbeitsmodelle aus Messing oder Industriemodelle, sie stellen für viele eine Bereicherung auf einer Modellanlage dar. Es gibt inzwischen zahlreiche Anlagen, auf denen ausschließlich der Verkehr von Modellstraßenbahnen dargestellt ist.

Die maßstabsgetreue Verkleinerung einer Straßenbahn als Nachbildung ist sicher weniger verbreitet als die von Modelleisenbahnen, aber die Stückzahlen sind nicht zu unterschätzen. Beleuchtung und Beschriftung sind längst auf einem hohen Niveau. Das größte Problem für Modellstraßenbahner waren immer die Schienen und Weichen. Aber auch hier werden heute einbaufertige Lösungen angeboten, die eine Nachbildung einer Asphaltschicht oder von Straßenpflaster bieten. Selbst die Digitalisierung setzt sich zunehmend durch.

Einige der Straßenbahnmodelle sind noch immer unmotorisiert, unbeleuchtet und nicht beschriftet, sie müssen daher entsprechend nachgerüstet werden. Da für Modellanlagen meist nicht ein der Realität entsprechender Platz zur Verfügung steht, ist die Darstellung einer Straßenbahnanlage im

Der Verein Stuttgarter Historische Straßenbahnen e. V. (SHB) organisierte zusammen mit der Stuttgarter Straßenbahnen AG eine Ausstellung mit dem Titel „Kleine Bahn ganz groß". Der Besucherandrang war enorm. Bild: Stuttgarter Historische Straßenbahnen e.V.

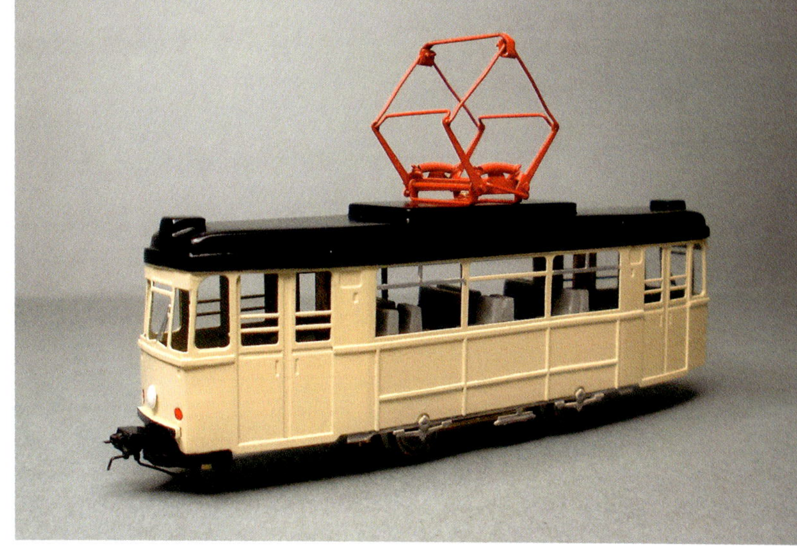

Dieser Messingbausatz ist ein Kleinserienmodell mit einer funktionsfähigen Scharfenbergkupplung im Maßstab 1:120, also TT. Bild: Raphael Hummel

Modell sehr willkommen, fahren doch Straßenbahnen auch in Wirklichkeit durch enge Radien. Die Gesamtlänge einer Straßenbahn erscheint auf einer Modellanlage meist ebenfalls realistischer.

Die Entstehung der Straßenbahn-Modelle

Vereinzelte Modellstraßenbahnen traten schon früh in Erscheinung. Die Nürnberger Firma HAMO produzierte als eine der ersten bereits 1952 Straßenbahnmodelle in kleinen Serien. Im Sortiment sind Schienen und Fahrleitungen enthalten. Diesem Vorbild sollten bald weitere Hersteller folgen. Besondere Aufmerksamkeit erlangten schnell Handarbeitsmodelle aus Messing und Neusilber, die in aufwändiger Arbeit zusammengelötet, von Hand lackiert und beschriftet werden. Sie sind bereits mit hochwertigen Motoren in Messingrahmen bestückt und weisen ausgesprochen realitätsnahe Fahreigenschaften auf.

Wussten Sie schon?

Für Sammler interessant sind die zahlreichen Modelle der einzelnen Verkehrsgesellschaften, aber auch Museen. Das ist oftmals der beste Weg, Straßenbahnen der Heimatstadt zu erhalten.

Straßenbahn-Fahrschule

Ein Führerschein der anderen Art

82

Die Voraussetzungen in Deutschland sind ein Mindestalter von 21 Jahren, eine gültige Fahrerlaubnis der Klasse B, die gesundheitliche Eignung für eine Fahrdiensttätigkeit im Schichtdienst, aber auch eine Bereitschaft zu Nacht-, Wochenend- und Feiertagsarbeit und gute Deutschkenntnisse.

In der Ausbildung zur Straßenbahnfahrerin oder zum -fahrer werden Theorie und Praxis vermittelt. Der Lernstoff wird zunächst in einer Grundausbildung gelehrt. Dazu kommt der praktische Unterricht. Das Personal muss jede Strecke kennen. Um ein Verkehrschaos zu vermeiden, soll sogar ein defekter Zug wieder zum Laufen gebracht werden – heute mit einem Reset. Den Abschluss bilden schriftliche, mündliche und praktische Prüfungen. In den ersten Tagen fährt jedoch noch ein Fahrlehrer mit. Und das ist auch gut so, denn dieser Beruf birgt eine große Verantwortung für Mensch und Maschine. Straßenbahnen teilen sich im Gegensatz zu anderen schienengebundenen Fahrzeugen oftmals die Straße mit anderen Verkehrsteilnehmern.

Fahrschulwagen 2924 umrundet den Münchner Olympiaturm.
Bild: Archiv der Freunde des Münchner Trambahnmuseums e.V.

Die Hand stolz am Regler – den Fahrlehrer im Nacken.
Bild: Archiv der Freunde des Münchner Trambahnmuseums e.V.

Aufgrund des Individualverkehrs gilt rechts vor links

Das erschwert die Ausübung dieses Berufsstandes und fordert vorausschauendes Fahren. Fußgänger oder Radfahrer können sich plötzlich vor einer Straßenbahn befinden. Sie überqueren die Gleise ebenso wie die Autofahrer. Dabei ist der Bremsweg einer Straßenbahn dreimal so lang wie bei einem Kfz und sie kann nicht ausweichen. In der Regel bedeutet das: 30 Meter Bremsstrecke bei 50 km/h trotz einer Vollbremsung. In Deutschland haben Schienenfahrzeuge nicht zwingend Vorfahrt. Aufgrund des Individualverkehrs gilt auch für sie rechts vor links.

Straßenbahn-Fahrschulwagen veränderten über die Jahre ihr Äußeres, vor allem aber änderte sich die eingesetzte Technik. Ein abgetrennter Raum für die Ausbildung zur Fahrerin oder Fahrer sowie die vielen mechanischen Einrichtungen sind obsolet. Bei Schulungsfahrten kann ein „Notfallkabel" an jede Straßenbahn angeschlossen werden. Drückt der Fahrlehrer den Knopf am Ende des Kabels, erfolgt eine Notbremsung.

Wussten Sie schon?

Erhalten die Fahrer ihre Bescheinigung zur Fahrtauglichkeit, gilt diese nur drei Jahre. Sie sind selbst verantwortlich, diese rechtzeitig erneuern zu lassen. Wird das vergessen, bedeutet das unbezahlten Urlaub.

Wiens erste Fahrerin

Per Gesetz zur Emanzipation

83

Es gibt noch immer zahlreiche Berufe, in denen Frauen eher als selten bezeichnet werden dürfen, von ihren Aufstiegschancen ganz zu schweigen. Das war in früheren Jahren noch ganz anders. Die Bahn und natürlich auch die Straßenbahn bildeten dabei keine Ausnahme.

In beiden Weltkriegen wurde männliches Dienstpersonal eingezogen. Damit konnten diese Stellen zunächst nur noch eingeschränkt, bald nicht mehr ausreichend besetzt werden. Das stellte die Verkehrsbetriebe vor enorme Probleme, die jedoch auf eine für diese Zeit unkonventionelle Weise gelöst werden sollten. Frauen wurden für die Stellen der Schaffner angelernt und zu Straßenbahnfahrerinnen ausgebildet. Heftig: Nach beiden Kriegen wurden die weiblichen Kräfte aus ihren Positionen entlassen und die Stellen durch Männer besetzt. Der „normale Betriebszustand“ war wieder hergestellt.

Die Stadt Wien geht neue Wege

Was bis dahin unmöglich schien, räumte die Stadt Wien aus dem Weg. 1970 trat die erste Frau ihre Stelle als Straßenbahnfahrerin an. Möglich wurde das erst, nachdem ein im Zweiten Weltkrieg erlassenes

Sie gehörte zu den ersten Straßenbahnfahrerinnen in Wien. Bild: Bildarchiv/Wiener Linien

Stolz präsentiert sie sich im Dienst – zurecht! Bild: Bildarchiv/Wiener Linien

Gesetz zum Verbot für Frauen im Führerstand aufgehoben wurde. Frauen, die diese Berufe annehmen wollten, galten gar als revolutionär. Dabei ist es auch heute noch nicht immer einfach, sich als Frau in einer Männerdomäne zu behaupten.

Die Situation heute

Grundsätzlich gibt es keine Unterscheidung mehr nach dem Geschlecht, für Frauen und Männer gelten die gleichen Voraussetzungen. Frauenpower ist auf dem Vormarsch! Mit regionalen Unterschieden beträgt der Frauenanteil in Deutschland zwischen 13 und 18 Prozent, in Wien aktuell 12,5 Prozent. Die Zahlen zeigen, dass frühere Vorurteile noch nachwirken. Das wird sicher aber ändern. Unzählige Kampagnen der Verkehrsbetriebe über unterschiedliche Medien, teils weit über die bundesdeutschen Grenzen hinaus, wirken positiv auf das Recruiting. Die Zahl der Bewerberinnen steigt!

Wussten Sie schon?

Die Münchner Verkehrsgesellschaft (MVG) als eines der größten kommunalen Verkehrsunternehmen Deutschlands befördert täglich etwa 1,4 Millionen Fahrgäste. Frauen bewerben sich mehrheitlich für Nachtschichten, damit sie tagsüber Zeit für die Kinder haben.

Historische Berufe

84 Ausgestorben, aber unvergessen

Auch bei der guten alten Straßenbahn blieb die Zeit nicht stehen. Für einige der heute historischen Berufe ist das vielleicht auch ganz gut, waren doch nicht alle ungefährlich. Mitten im Stadtverkehr, bei Wind und Wetter, mussten Ritzen in den Schienen oder Weichen gereinigt und geschmiert oder aufwendige Schweißarbeiten verrichtet werden. Am bekanntesten wurde die Trambahnschienenritzenreinigerin, deren Berufsstand vor allem von der bayerischen Komödiantin und Schauspielerin Ida Schumacher ein Denkmal gesetzt wurde. In den Rillenschienen, besonders aber in den Weichen, sammelt sich Schmutz, der durch die Straßenbahnen selbst, aber auch durch Fahrzeuge des Straßenverkehrs, festgedrückt wird. Dies kann zu Funktionsstörungen bei Weichen, schlimmstenfalls zur Entgleisung einer Straßenbahn führen. Die Aufgabe eines Ritzenschiebers bestand darin, den Schmutz aus den Schienen zu entfernen. Mit einem langstieligen Flacheisen wurden die Ritzen freigeschabt und der Schmutz mit speziell geformten Besen und Schaufeln eingesammelt. Da diese Hilfskräfte aufgrund der schmutzigen Arbeit meist dunkel bekleidet waren, kam es immer wieder zu Unfällen. In den 1950er-Jahren wurde der Beruf von Schienenreinigungsfahrzeugen abgelöst.

In den frühen Tagen des Straßenverkehrs besaßen die Fahrbahnoberflächen nur einen gestampften Naturbelag. Um die Staubentwicklung zu reduzieren, musste dieser in besonders trockenen Sommermonaten regelmäßig mit Wasser besprengt werden. Neben den Sprengwagen kamen auch von

Weichenreinigung im Jahr 1957 im nördlichen Teil des Stachus in München. Bild: Archiv der Freunde des Münchner Trambahnmuseums e.V.

Die Arbeit des Thermit-Schweißers als Stahlkocher zog nicht selten schaulustige Passanten an. Bild: Archiv der Freunde des Münchner Trambahnmuseums e.V.

Straßenbahnen gezogene Kesselwagen mit Pumpen dieser Aufgabe nach. An heißen Tagen wiederholte sich der Vorgang mehrmals, teils zur großen Freude der Jugend. Neben entsprechenden Beiwagen wurden auf den Gleisen der Straßenbahnen auch selbstfahrende Arbeitswagen der Stadt eingesetzt.

Sprengwagenfahrer, Unkrautvernichter, Schweißer …

Gefährlich war der Beruf des Schweißers. Besonders im Bereich von Weichen oder anstelle der Laschenverbindungen wurden Schienenenden bereits in der ersten Hälfte des 20. Jahrhunderts durch Schweißen stoßfrei verbunden. Die Schweißer brachten dazu einen Reaktionstiegel an den Stumpfstellen der Schienen an und dichteten die Form mit Quarzsand ab. Durch die Reaktion von Eisenoxid und Aluminiumpulver wurde der im Tiegel befindliche Stahl verflüssigt. Dadurch wurden die Schienenenden angeschmolzen und eine Verbindung hergestellt. Nicht selten traten dabei schwere Unfälle durch herumspritzenden Stahl auf. Auch nicht gerade ungefährlich war die Aufgabe der Unkrautvernichter. Sie bekämpften die Vegetation in den Schienen, um die Betriebssicherheit des Schienennetzes aufrecht zu erhalten. Wie bei der Eisenbahn auch, wurden diese Aufgaben häufig mit Sprengwagen ausgeführt. Zur Verwendung kamen dazu für den Personenverkehr ausgediente Triebwagen, die umgebaut und mit einem Tank bestückt wurden. Die Herbizide, die störende Pflanzen abtöten sollten, wurden bei niedriger Fahrt versprüht. Das Einatmen dieser Substanzen war nicht ungefährlich. Es gab zahlreiche Berufe rund um die Straßenbahnen, die es heute nicht mehr gibt. Sie wurden von Maschinen abgelöst oder sind aufgrund der technischen Weiterentwicklung heute schlicht nicht mehr erforderlich.

Güterstraßenbahnen

Güterbeförderung der anderen Art

85

Seit Anbeginn wurden Straßenbahnen neben der Personenbeförderung auch für den Transport von Gütern eingesetzt. Im Normalfall handelte es sich meist um betriebsinterne Güter wie etwa Streusalz, Schotter für Gleisarbeiten oder Arbeitsgeräte. Auch der Transport von Schutt, Verwundeten oder Leichen in den beiden Weltkriegen gehörte zum Aufgabengebiet der Straßenbahnen. Wesentlicher Bestandteil der Transporte waren jedoch meist Lebensmittel und Brennmaterial.

Als „Zugpferd“ dienten ausgemusterte Straßenbahntriebwagen, aber auch im aktiven Dienst stehende Fahrzeuge. An sie wurden Loren, aus beschädigten Wagen umgebaute Fahrzeuge oder einfache Flachwagen gekuppelt. Damit ermöglichte man beispielsweise den Bauern des Stuttgarter Umlandes, ihre landwirtschaftlichen Erzeugnisse mit den Stuttgarter Straßenbahnen in die Innenstadt zu transportieren. Ob es sich um einen Kohlentransport handelte, landwirtschaftliche Produkte, die Post oder einfach nur ein Gepäckwagen angehängt wurde, die Straßenbahnen waren von jeher zuverlässige Beförderungsmittel.

Ein Hafertransport im Winter 1915 mit Wagen der Wiener Straßenbahn. Im Hintergrund das Lagerhaus. Bild: Bildarchiv/Wiener Linien

Mitten durch die Stadt: Die Güterstraßenbahn „CarGoTram" in Dresden am Straßburger Platz. Bild: Sebastian Fuchs

Straßenbahnen transportieren bis heute Güter

Der kommerzielle Transport von Gütern innerhalb der Straßenbahnnetze ist seltener geworden. Auch sieht ein Gütertransport mit einer Straßenbahn heute etwas anderes aus und hat vor allem andere Ausmaße. Ein gutes Beispiel dafür ist die „CarGoTram" in Dresden.

Die Schalker Eisenhütte lieferte um die Jahrtausendwende zwei speziell entwickelte Triebzüge als reine Güterstraßenbahnen an die Straßenbahn Dresden aus. Diese sogenannte „CarGoTram" wird von Volkswagen finanziert und beliefert ein Werk mit Bauteilen. Eine solche Lösung macht besonders dann Sinn, wenn die Route für die Anlieferung beispielsweise mitten durch eine Stadt verläuft. Der Transport von Gütern mit der Straßenbahn ist also keinesfalls neu, er wurde nur immer wieder den entsprechenden Gegebenheiten angepasst.

Wussten Sie schon?

Um Kosten für eine Neuentwicklung einzusparen, fahren diese „CarGoTram"-Güterstraßenbahnen auf überholten Drehgestellen ausgemusterter Tatra-Fahrzeuge. Aufgrund der speziellen Spurweite von 1.450 mm ist ein solcher Schritt sinnvoll gewesen.

Straßenbahnen im Postdienst

86

Fahrende Briefkästen

Ende des 19. Jahrhunderts wurden Straßenbahnbetriebe per Gesetz verpflichtet, Post in einem definierten Umfang und je nach Erfordernis wenigstens einen Postbeamten zu befördern. Die Zusammenarbeit zwischen Post und Straßenbahnunternehmen variierte regional.

Zunutze machte man sich das zu dieser Zeit weit verzweigte Netz der Straßenbahnen. Besonders im Ersten Weltkrieg wurden Straßenbahnen für den Posttransport genutzt, da zu dieser Zeit die Pferde an der Front eingesetzt waren. Straßenbahnen übernahmen daher in zahlreichen deutschen Städten den Postdienst für ein entsprechend geregeltes Entgelt.

Später kaufte die Post zur Ausübung ihrer Dienste eigene Fahrzeuge. Oft handelte es sich hierbei um ältere Straßenbahnen, die für die speziellen Bedürfnisse umgebaut wurden, zu denen auch Beiwagen kamen. Die alten Post-Straßenbahnwagen kamen dann meist zur Verschrottung.

Wussten Sie schon?

Es gab Straßenbahnen, an deren Stirnseite ein Briefkasten montiert war. Damit konnte jedermann seine Briefe gleich mit der Straßenbahn ins Postamt liefern lassen.

Der Posttriebwagen Ze 2/2 31 auf dem Gelände des Depots der Museumsbahn Blonay–Chamby in Cahulin. Bild: Hp. Teutschmann

Kooperation mit der Bahn

87

Straßenbahntriebwagen im Einsatz als Lok

In der Regel beträgt die Spurweite der schienengebundenen Fahrzeuge in Deutschland 1.435 mm, die sogenannte Normalspur. Das gilt vor allem für die Deutsche Bahn und die meisten Straßenbahnbetriebe. Diesem Umstand ist es im Zweiten Weltkrieg zu verdanken, dass einige Triebwagen der Straßenbahnen für den Schleppdienst und den Gütertransport in Zusammenarbeit mit der Reichsbahn herangezogen wurden.

Unzählige Lokomotiven der Bahn wurden durch die Bomben des Zweiten Weltkrieges zerstört oder anderswo dringender gebraucht. Vor allem aber musste Treibstoff eingespart werden. Um den hohen Bedarf an Lebensmitteln und Brennstoffen in den Städten zu befriedigen, ging man dazu über, Anschlussgleise in die Betriebshöfe der Straßenbahnen und zu den Güterbahnhöfen zu verlegen. So mancher Triebwagen wurde mit Regelspurpuffern und Schraubenkupplungen ausgerüstet und der Innenraum mit Gewichten beschwert. Neben Lkws beförderten nun hauptsächlich Straßenbahnen die Güterwagen an ihren innerstädtischen Bestimmungsort.

Der G 1.8-Triebwagen 2973 als Arbeitswagen. Im Krieg brannte er aus und wurde wieder aufgebaut. Exponat: MVG Museum, Bild: Stefan Friesenegger

Schienenschleifwagen

Unbeliebt und doch unentbehrlich

88

Starke Beanspruchungen der Schienen führen zu einem hohen Materialverschleiß. Unterschiedliche Oberflächenfehler wie Ausbröckelungen, Wellen, Ausbrüche, Schleuderstellen und einige mehr entstehen mit der Zeit. Dadurch werden die Schienen und Auflageflächen, die Elemente der Befestigung und das Gefüge des Schotterbettes überbelastet. Eine deutliche Beeinträchtigung entsteht aber auch an den Fahrzeugen selbst. Letztendlich reduziert sich der Fahrkomfort. Die dabei entstehende Geräuschentwicklung wird von den Fahrgästen, aber auch den Anwohnern als störend empfunden.

Damit sich diese ersten Beschädigungen auf dem Schienenkopf nicht weiter in den Stahl fortpflanzen und ein wesentlich teurer Austausch erforderlich wird, müssen die Schienen regelmässig geschliffen werden. Diese Schleifarbeiten haben jedoch zur Folge, dass mit jedem Schleifvorgang Material vom Schienenkopf abgetragen wird und somit die Schienen immer mehr an Substanz verlieren. Die Beschädigungen an den Schienenoberflächen lassen sich jedoch nur schwer vermeiden. Sie entstehen durch Streugut oder Bremssand. Auch durch das Schleudern, also dem Durchdrehen der Räder beim Anfahren oder Bremsen auf nassen oder öligen Schienen entstehen an den Oberflächen Beschädigungen. Festgefahrene Verschmutzungen auf den Schienenoberflächen können darüber hinaus zu Beeinträchtigungen des Stromflusses führen, denn Schienen werden als Rückleitung benutzt.

Schleifen, um die Schienen zu erhalten

Für die notwendigen Schleifarbeiten werden Schienenschleifwagen eingesetzt. Diese Arbeitswagen besitzen meist einen eigenen Antrieb, sie können aber auch motorlos sein und müssen dann gezogen werden. Neben den regelmässigen Schleifarbeiten sind die Schienen auf größere Fehler zu untersuchen. Die Schienenoberflächenmessung übernehmen ebenfalls Arbeitswagen der Straßenbahnen. Moderne Schienenschleifwagen erledigen diese Arbeiten gleich in Verbindung mit den Schleifarbeiten. Die Arten der Beschädigungen am Schienenkopf, die sogenannten Oberflächenfehler, sind in Kategorien festgelegt. Kurze Wellen, aber auch unregelmässige Unebenheiten können Tiefen von bis zu zwei mm aufweisen und werden problemlos herausgeschliffen. Das gilt auch für Ausbröckelungen, fehlerhafte Schweißstöße oder Übergratungen.

Ein Schienenschleifwagen neben der regulären Bahn der Freiburger Straßenbahn an der Endhaltestelle Landwasser. Bild: Fotograf Rainer Ullrich, Bahnbilder.de

Schleifarbeiten und Schienenschleifwagen

Schienenschleifarbeiten werden in ihrer Art unterschieden. Neu verlegte Schienen müssen vor der Inbetriebnahme von Unebenheiten wie etwa Schweißstößen, geringfügigen Lageunterschieden, aber auch von der Walzhaut befreit werden. Die Walzhaut entsteht bei der Herstellung der Schienen und weist eine ungewünschte Oberflächenhärte auf. Unter zyklischem Schleifen ist eine vorbeugende Maßnahme zu verstehen. Materialermüdungen oder Oberflächenfehler sollen damit verhindert werden. Darüber hinaus gibt es das akustische Schleifen, ein Hochgeschwindigkeitsschleifen, oder das Reprofilieren. In der Vergangenheit wurden meist ausgediente Straßenbahnwagen als Schienenschleifwagen verwendet. Der Umbau erfolgte in den Werkstätten der Verkehrsbetriebe. Um die Schleifarbeiten auszuführen, sind die Fahrzeuge mit absenk- und anhebbaren Schleifköpfen bestückt. Frühe Fahrzeuge waren sehr langsam und behinderten damit den Linienverkehr. Darüber hinaus waren sie sehr laut und daher nicht besonders beliebt. In aller Regel werden heute neue Straßenbahnschleifwagen von speziellen Herstellern bezogen.

Straßenbahnen als Schneepflug

89

Schnee, ein Gegner der Straßenbahn

Auch wenn sich beim Wetter einiges verändert hat, können noch immer Schneemengen auftreten, die das Fahren von Straßenbahnen einschränken oder gar verhindern. In deren Anfangstagen musste der Schnee meist von Hand beseitigt werden. Viele Hände waren dazu erforderlich. Bald aber konnten Maschinen im Kampf gegen die Schneemaßen eingesetzt werden. Nicht nur Spurpflüge, auch Arbeitswagen mit Anhängerschneepflügen wurden im Dienst der Straßenbahnen verwendet. Als „Zugmaschine“ musste ein Triebwagen herhalten. In schneereichen Gebieten wie etwa Kanada, Skandinavien oder in den Alpenregionen werden die Lokomotiven der Eisenbahn mit regelrechten Schneeräumern, im Normalfall aber mit kleinen Schneeschaufeln ausgestattet. Auch stehen der Eisenbahn große Schneeräumfahrzeuge zur Verfügung, deren Räumschilde ferngesteuert absenk- und anhebbar ausgestattet sind. Reicht das nicht mehr, werden Schneefräsen eingesetzt. In aller Regel sind Straßenbahnen von solchen Schneemassen nicht betroffen.

Die Baureihe sp 2.55 hat eine Länge von 5.200 mm und ein Gewicht von 4,5 t. Sieben dieser Fahrzeuge wurden produziert. Exponat: MVG Museum, Bild: Stefan Friesenegger

Hier musste viel geschaufelt werden: Winter 1930 auf der Linie 331 nahe Stammersdorf.
Bild: Bildarchiv/Wiener Linien

Wenn Schaufeln nicht mehr reichen

Um die Schneeräumarbeiten im Schienenbereich der Straßenbahnen zu erleichtern, wurden, wie bei der Bahn auch, Fahrzeuge zu Räumfahrzeugen umgebaut oder sogar eigenständige Fahrzeuge konstruiert. Bei frühen Vorspannschneeräumfahrzeugen, aber auch den Anhängerschneepflügen saßen die Bedienungsmänner im Freien. Schaufeln und Seitenscharen mussten durch sie über Steuerräder manuell in ihrem Winkel und der Höhe individuell eingestellt werden.

Zum Schutz der Mitarbeiter wurden die Arbeitsfahrzeuge später modernisiert. Neben zahlreichen Umbauten erhielten sie auch ein geschlossenes Führerhaus und mechanische oder später hydraulische Schaufelsysteme. Als motorlose Fahrzeuge mussten sie aber von den Straßenbahntriebwagen geschoben werden. Leider neigten diese Arbeitsfahrzeuge aufgrund ihrer ungünstigen Gewichtsverteilung zum Entgleisen. Im Laufe der Zeit wurden sie dann abgestellt und größtenteils verschrottet. Da Straßenbahnen heute meist rund um die Uhr verkehren, tritt Schnee in großen Mengen auf den Schienen in aller Regel nicht mehr auf. Kommt es dennoch zu Behinderungen durch lang anhaltende Schneefälle, werden die erforderlichen Schneeräumfahrten meist von Zweiwege-Fahrzeuge vorgenommen.

Remisen, alte Nutzbauten

Heute geliebt und denkmalgeschützt

90

Unter der Bezeichnung „Remise“ sind hallenartige Gebäude zu verstehen, deren architektonische Gestaltung eine einheitliche und unverwechselbare Identität aufweist. Diese Nutzbauten dienen nicht ausschließlich dem Unterstand von Straßenbahnen. In ihnen standen und stehen auch heute noch landwirtschaftliche Fahrzeuge, Feuerwehrfahrzeuge und vieles mehr. Ihre Bedeutung wird jedoch häufig im Zusammenhang mit Straßenbahnen gesehen.

Um die Bezeichnung herrscht Unklarheit. Das lateinische „remittere“ bedeutet etwa zurückschicken, das französische „remettre“ zurücksetzen, zurückstellen oder versorgen. Remise werden diese Wirtschaftsgebäude aber noch heute hauptsächlich in der Schweiz, Österreich und Deutschland genannt. Alternativ zu Remise wird meist von einem Depot gesprochen. Sie dienen im Zusammenhang mit Straßenbahnen in aller Regel als Unterstand, für Reparatur- und Wartungsarbeiten oder als Museum.

Betriebshof oder Museum – manchmal beides

In ihrer ursprünglichen Form wurden Remisen zunächst in den Städten hinter größeren Wohngebäuden zur Unterbringung von Pferden und Kutschen errichtet. Damit waren diese Gebäude in aller Regel einseitig zugänglich und schützten vor Wind und Wetter. Als Straßenbahnen die Kutschen ablösten, fanden die Remisen ihre neue Bestimmung in der Unterbringung dieser Fahrzeuge.

Mit der Weiterentwicklung der Straßenbahnfahrzeuge, der Zunahme der Fahrgastzahlen, aber auch durch städtebauliche Veränderungen verlagerten sich Remisen früh aus den Hinterhöfen der größeren Wohnhäuser an neue, eigens dafür vorgesehene Plätze. Die im Zweiten Weltkrieg zerstörten Remisen wurden wieder aufgebaut, viele sogar entsprechend ihrer ursprünglichen Architektur und damit Wertigkeit. Die meisten Remisen stehen unter Denkmalschutz und gelten, zum Beispiel als Backsteingebäude mit aufwändigen Dachkonstruktionen und einer großen, zentral angebrachten Uhr, als besonders wertvoll. Im Wesentlichen werden Remisen heute nach wie vor von Straßenbahnbetriebshöfen, aber auch von Verkehrsmuseen genutzt und besitzen einen Anschluss an das städtische Straßenbahnnetz. Glücklicherweise sind damit neben dem Linienbetrieb auch Sonderfahrten mit historischen Fahrzeugen möglich.

Der Straßenbahn-Betriebshof Sundby im Juni 1968. Sporveje SL 5 (Tw 524 + Bw 15xx). Bild: Kurt G. Rasmussen

Einige der ausgestellten Fahrzeuge des Verkehrsmuseums Remise und historische Fahrzeuge in Wien-Erdberg. Bild: www.fotovonzinner.com

Augsburgs erster Bahnhof

Heute Straßenbahn-Betriebshof Rotes Tor

91

Am 4. Oktober 1840 wurde die erste Verkehrsachse für Fernreisen zwischen München und Augsburg eröffnet, eine wesentliche Eisenbahnstrecke und überregionale Hauptschlagader in Europa. Damit entstand auch der erste Bahnhof in Augsburg. Noch heute ist ein Stück dieses Bahnhofes erhalten. Er ist Teil des Straßenbahn-Betriebshofes Rotes Tor.

Nur sechs Jahre nach der Eröffnung des Bahnhofes wurde der Haltepunkt in Augsburg an den heutigen Standort verlegt. Um 1920 kaufte die Augsburger Straßenbahn die Halle des ehemaligen Augsburger Bahnhofs und das umliegende Gelände, um dort einen neuen Betriebshof zu errichten. Die Bahnhofshalle steht glücklicherweise unter Denkmalschutz und überdauerte so die Zeit. Sie konnte in den neuen Betriebshof integriert werden und ist heute Mittelteil des Straßenbahn-Betriebshofes Rotes Tor.

Der Betriebshof, eine ehemalige Reithalle?

Zur Bewältigung der stark angestiegenen Fahrgastzahlen sollten moderne, über 40 Meter lange Gelenkgarnituren angeschafft werden. Damit wurden der Umbau und vor allem eine Verlängerung der Hubstände für die Triebzüge erforderlich. Zu den Neufahrzeugen wurden auch gebrauchte, aber gut erhaltene Straßenbahnen von der Stadt Stuttgart erworben. Sie mussten ebenfalls auf das Augsburger Straßenbahnnetz umgebaut und auf dem Gelände untergebracht werden. Daher waren ein Umbau und die Erweiterung der Gebäude unumgänglich. Zum Schutz von Gemäuer und Gebälk wurde ein Blechdach montiert. Bei diesen Umbaumaßnahmen fanden sich im Inneren der alten Halle Nachweise einer früheren Verwendung des Bahnhofs: Reste von Pferdemist kamen zum Vorschein, eine Hinterlassenschaft des Chevaulegers-Regiments. Das Gebälk und die alten Rundbögen des Gebäudes sind im Original erhalten, sogar ein originales Rundbogenfenster existiert noch.

Wusstest Sie schon?

Für die Öffentlichkeit ist das historische Gebäude am „Tag des Denkmals" oder am „Tag der offenen Tür" zugänglich.

Die alte Bahnhofshalle wurde früh unter Denkmalschutz gestellt und überdauerte so die Zeit. Wagen 401 verlässt den Betriebshof zu einer Ausfahrt. Bild: Heinz Landherr

Eine gelungene und werterhaltende Modernisierung

Unter den gegebenen Bedingungen ist die Modernisierung des Straßenbahn-Betriebshofes in Augsburg äußerst gut gelungen. Der Wert der historischen Bahnhofshalle konnte erhalten und in die baulichen Veränderungen einbezogen werden. Heute ist in diesem Betriebshof eine Werkstatt für die Instandhaltung der Straßenbahnfahrzeuge enthalten. Auf Staugleisen können die eingerückten Wagen gesammelt und auf einem Versorgungsgleis gewaschen, mit Sand und Schmierstoffen versorgt werden. Zum Zweck der Instandsetzungsarbeiten wurden eigene Gleise eingerichtet. Hier werden aufgetretene Schäden an den Fahrzeugen behoben. Für die erforderlichen Lackierungsarbeiten steht eine Lackierbox zur Verfügung. Auch ein Gleis mit einer Unterflur-Drehmaschine ist vorhanden. Für die Reinigung des Fahrzeuginneren und das Abstellen über Nacht sind darüber hinaus ausreichend überdachte Abstellgleise angelegt worden. Für die Instandhaltung der Fahrleitungen, Gleise und der Signalanlagen ist die Bahnbauwerkstatt verantwortlich, die ebenfalls auf diesem Areal ihre Heimat gefunden hat. Infolge der Erweiterung des Betriebshofes fand eine Konzentrierung der einzelnen Aufgabengebiete statt. Damit konnten andere Betriebsstätten in Augsburg aufgelassen werden. Dies zog leider die Schließung des 1898 erbauten historischen Betriebshofs Senkelbach, in dem die ersten elektrischen Straßenbahnen Augsburgs betreut wurden, nach sich.

Wanderbücherei-Triebwagen

Kleinod und einziger in Deutschland

92

Die Bayerische Landeshauptstadt ist auch als Stadt mit einer langen Straßenbahngeschichte bekannt. Weniger bekannt dürfte der sogenannte Wanderbücherei-Triebwagen sein. Er war in seiner Art in Deutschland einzigartig und zugleich weltweit der erste. Neben München unterhielten nur noch Budapest und das kanadische Edmonton einen Wanderbücherei-Triebwagen.

Der Triebwagen No. 495 wurde im Jahr 1912 beschafft und ab 1927 von den Städtischen Straßenbahnen zu einem Wanderbücherei-Triebwagen umgebaut. Die seitlichen Fenster wurden mit Blechplatten geschlossen und die Außenhaut des Fahrzeugs in der damals für Straßenbahnen in München noch üblichen Farbgebung grau/dunkelblau lackiert. Im Inneren bedeckten Holzregale die Seitenwände, der Boden war mit einem Teppich belegt. Das Fahrzeug erhielt nun die Nummer 24 und fuhr ab dem 13. Februar 1928 zu regelmäßigen Zeiten verschiedene Stadtviertel an, auch in den Außenbezirken. Eine städtische Leihbücherei in einer Straßenbahn stellte etwas Besonderes dar. Die Bücherausgabe fand auf Abstellgleisen mit einer eigenen Beschilderung statt. In den 1930er-Jahren wurde das Fahrzeug in die nunmehr für München übliche neue Farbgebung weiss/blau umlackiert.

Der Krieg und die Jahre danach

Während der Kriegsjahre war die „Bücher-Tram" eingemottet und überstand den Krieg ohne Schaden. Bald verrichtete sie wieder ihren Dienst und fuhr ihre Haltestellen an. Darunter waren Anfang der 1950er-Jahre vor allem die Alte Heide, der Balde- und Herkomerplatz, die Hofmannstraße, der Ostbahnhof, der Romanplatz und der Willibaldplatz. Von Montag bis Samstag, außer donnerstags, betrug die Standzeit je nach Standort zwischen einer und zweieinhalb Stunden. Seine Heimat war das Straßenbahndepot an der Westendstraße. Hier befand sich auch eine

Wussten Sie schon?

Dieser Straßenbahntriebwagen war als einziger mit einem Waschbecken ausgestattet. Vor der Ausgabe der Bücher konnte sich das Personal zur Schonung der Bücher nochmals die Hände waschen.

Der Wanderbücherei-Triebwagen im Winter 1927/28. Kurios: Das Fahrzeug befindet sich heute, etwa 90 Jahre später, im MVG Museum – der Halle im Hintergrund. Bild: Archiv der Freunde des Münchner Trambahnmuseums e.V.

Außenstelle der Stadtbücherei. Bei Modernisierungsarbeiten bekam das Fahrzeug nun eine gummierte Sicherheitsverglasung, einen Scherenstromabnehmer und neue Lampen im Inneren.

In den 1960er-Jahren wurden aus Kostengründen zunehmend Abstellgleise an den Endhaltestellen entfernt. Damit „beraubte" man den Wanderbücherei-Triebwagen seiner Standplätze. Zudem musste 1969 im Rahmen von erforderlichen Reparaturarbeiten festgestellt werden, dass in der Grundsubstanz des Fahrzeuges aus dem Jahr 1912 bereits Schäden vorlagen. Damit fiel die Entscheidung, Wagen 24 aus dem Dienst zu nehmen und seine Arbeit als Wanderbücherei künftig mit einem Gelenkomnibus auszuführen. In einem feierlichen Akt wurde der Wanderbücherei-Triebwagen verabschiedet und am Betriebshof abgestellt.

Phönix aus der Asche

Das „Deutsche Straßenbahnmuseum" bei Hannover erwarb den Wagen 1973. Die Überführung erfolgte mit der Eisenbahn. Nachdem der Käufer Konkurs anmelden musste, trat an dessen Stelle das „Hannoversche Straßenbahn-Museum e. V.". Leider war das Fahrzeug die meiste Zeit schutzlos der Witterung ausgesetzt. Nach einer erfolglosen Restaurierung konnte der inzwischen stark lädierte Wanderbücherei-Triebwagen nach mehreren Versuchen im Jahr 2015 vom Verein „Freunde des Münchner Trambahnmuseums e.V." in seine Heimat zurückgeholt werden. Eine Aufarbeitung des Wagens ist geplant.

Nostalgiefahrten mit der Tram

Straßenbahn oder Hochzeitskutsche?

93

Zahlreiche Straßenbahnbetriebe bieten nostalgische Fahrten mit historischen Straßenbahnwagen an. Diese Sonderfahrten stehen meist unter einem bestimmten Motto und finden auf speziellen Routen statt, auf denen reguläre Linien nicht fahren. Die Fahrten werden nicht nur von Touristen angenommen, gerade auch „Einheimische" nehmen vermehrt an diesen Fahrten teil und lassen sich durch „ihre" Stadt fahren.

Zu diesen Anlässen werden die Straßenbahnen in den Betriebshöfen oder Museen herausgeputzt. Ob das eine Party-Straßenbahn für Tanz und Gesang ist, Christkindl-Fahrten oder die Wiener „Rent a Bim", die beispielsweise für Firmen-Events gebucht werden kann: Diese Fahrten sind bleibende Erinnerungen. Der „geschlossenen Gesellschaft" wird natürlich eine Verköstigung nach Wunsch angeboten. Ganz nebenbei, möchte man meinen, werden Informationen zu den historischen Fahrzeugen vermittelt. Dazu kommen meist Geschichten und eine Chronik der Entwicklung der jeweiligen Straßenbahn. Eine Wiederholung dieser Fahrten kann daher nur empfohlen werden.

Eine Sonderfahrt mit Tw 305 vor der berühmten Kulisse der Kaiserburg in Nürnberg. Das Fahrzeug, Baujahr 1962, ist seit 2004 Museumswagen. Bild: VAG Nürnberg

Der D 6.3-Triebwagen 497 von 1913 fungierte im Oktober 1967 als „Hochzeitskutsche". Die Aufnahme entstand anlässlich einer Hochzeitssonderfahrt an der Endhaltestelle Moosach in München. Bild: Archiv der Freunde des Münchner Trambahnmuseums e.V.

Sonderfahrten für spezielle Anlässe

Neben den offiziellen Sonderfahrten können nach Absprache auch historische Straßenbahnen für spezielle Anlässe gemietet werden. Zunehmend werden sie anlässlich einer Konfirmation oder gar zu einer Fahrt zu zweit gebucht. Dann handelt es sich meist um einen geplanten Heiratsantrag. Für die anschließenden Hochzeitsfahrten kommen die Straßenbahnen oft nochmals zum Einsatz.

Sonderfahrten, die keine sind …

Diese Sonderfahrten finden nur zu bestimmten Anlässen statt. Daneben gibt es Nostalgiefahren, die im Prinzip keine sind. Dann handelt es sich um Straßenbahnen im Regelbetrieb wie etwa die Cable Cars in San Francisco oder die Standseilbahn Ascensor do Lovra, eine von drei Straßenbahnen in Lissabon. Sie sind ein Beispiel dafür, dass noch heute auf der ganzen Welt Straßenbahnen auf Routen unterwegs sind, deren Streckenführung sich bis heute nicht oder kaum geändert hat. Das gilt zudem für die fahrenden Zeitzeugen, die Fahrzeuge selbst.

Ausflüge mit der Straßenbahn

Etwas Freude in der „schlechten Zeit"

94

Dass öffentliche Nahverkehrsmittel auch für kleine Ausflüge genutzt werden, ist keineswegs neu. Insbesondere in der Zeit nach dem Zweiten Weltkrieg nutzten viele Menschen Straßenbahnen, um sich ein wenig Ablenkung und Unterhaltung zu verschaffen. Für relativ wenig Geld konnte man per Straßenbahn Ausflüge an den Stadtrand und damit ins Grüne unternehmen.

Ausflüge zu entfernteren Zielen waren noch nicht so gefragt wie heute. Viele waren schon froh, die Innenstadt zu verlassen und die Natur genießen zu können. Es verwundert daher nicht, wenn manche Linien besonders an den Wochenenden stark frequentiert wurden. Immer noch werden Straßenbahnen aus dem gleichem Grund genutzt. Dank einer sogar steigenden Nachfrage bieten zahlreiche Verkehrsbetriebe noch immer Reiseführer für Ausflüge an die Randbezirke der Großstädte an.

Ein Ausflug in den Schnee an der Großhesseloher Brücke bei München, empfohlen im Führer „Ausflüge mit der Straßenbahn" von 1934, herausgegeben von der Städtischen Straßenbahn München. Hier wird übrigens noch ein Schneepflug von einem Altwagen geschoben. Angehängt ist ein Salzbeiwagen.
Bild: Archiv der Freunde des Münchner Trambahnmuseums e.V.

Fußbad gefällig?

95

Japans Ritual der Entspannung

Auf der Strecke zwischen dem Bahnhof Arashiyama und der Präfektur Kyoto fährt noch heute die bereits 1910 eröffnete Straßenbahn. Neben ihrer langen Geschichte bietet sie noch eine Besonderheit: Eine heiße Quelle befindet sich direkt zwischen den Gleisen der Straßenbahnlinie der Keifuku Railroad. Man möchte es fast nicht glauben. Direkt an einer Straßenbahnhaltestelle wird zu einem Fußbad eingeladen. Wer sich die Wartezeit verkürzen will, setzt sich auf eine Holzbank und lässt die Füße ins heiße Nass baumeln. In Japan sind Fußbäder ein Ritual mit dem Ziel der Entspannung, weniger der Reinigung. Zum Abtrocknen der Füße werden Handtücher ausgegeben, die mit dem Motiv der Straßenbahn bestickt sind. Die Straßenbahn ist bei der einheimischen Bevölkerung und den Touristen gleichermaßen beliebt. Wie bei der Eisenbahn auch, tragen die Straßenbahnfahrer weiße Handschuhe. Die Fahrkarten werden im Übrigen beim Aussteigen nochmals kontrolliert.

Wussten Sie schon?

In Japan sollen Fußwaschungen den Tourismus fördern. Nicht nur neben manchen Bahnsteigen wird dieser Service angeboten, auch im Shinkansen-Hochgeschwindigkeitszug ist ein kollektives Fußbad keine Seltenheit.

Ein kleiner Zwischenstopp für ein Fußbad? In Japan ist das eine willkommene Abwechslung. Bild: SWR/Hagen von Ortloff

Werbung auf der Straßenbahn

96

Was war zuerst da?

Nun, das ist schnell geklärt: die Werbung! Aber was veranlasst die Unternehmen, eine Werbung auf Straßenbahnen anbringen zu lassen? Sowohl in der Außen- als auch in der Innenwerbung, als Teil- oder Vollgestaltung, seit einigen Jahren sogar über die Fenster, wenngleich aus Sicherheitsgründen nur teilweise: Die Werbung ist allgegenwärtig – sie wird wahrgenommen, ob wir das wollen oder nicht.

Das Einfahren einer Straßenbahn – das gilt natürlich auch für Züge, Busse, U- oder S-Bahnen sowie Taxis – erweckt eine besondere Aufmerksamkeit. Dass dabei diese mehrere Quadratmeter große Werbefläche wahrgenommen wird, ist nicht verwunderlich. Umfragen zufolge wird von weit über 80 Prozent aller Passanten diese Art der Werbung sogar als angenehm empfunden, sie gehöre regelrecht zu einem Stadtbild.

Mobile Werbung früher und heute

Früher wie heute verzieren die Werbebanner den Sichtschutz für die technischen Einrichtungen am Dach der Straßenbahn. Der restliche Straßenbahnwagen „gehörte" früher jedoch dem Betreiber. Später wurden auch die Seitenflächen als Werbefläche verkauft. Die Lebensdauer der

Straßenbahntriebwagen und Beiwagen von 1954 mit der legendären Persil-Werbung als reiner Werbezug. Für einen Fahrgasttransport wurde ein weiterer Bw gekuppelt. Bild: Konzernarchiv Henkel AG & Co. KGaA

„Münchner Merkur" oder der „Autoverleih Buchbinder": Die Werbung der 1970er-Jahre-Straßenbahnen ist noch dezent. Bild: Archiv der Freunde des Münchner Trambahnmuseums e.V.

jeweiligen Werbung aus dieser Zeit war entsprechend länger als das heute der Fall ist. Üblich sind heute etwa ein halbes Jahr für Langzeitwerbungen und eine bis mehrere Wochen für Kurzzeitwerbungen. Aktuell scheint es diesbezüglich keine Grenzen zu geben, selbst der Ausblick aus dem Fenster ist gesiebt, weil eine Folie darüber gezogen ist. Im Inneren dieser Verkehrsmittel ist das nicht anders. In vielen neueren Straßenbahnen laufen Bildschirme als sogenanntes Fahrgast-TV, wo neben Fahrgastinformationen natürlich auch Werbung gezeigt wird.

Die Werbung und ihr Wirkungsgrad

Der Wirkungsgrad der Tram-Werbung ist hoch. Die bewegliche Plakatwand transportiert im wahrsten Sinne des Wortes die Werbung durch die Städte. Darüber hinaus ist diese Form der Werbung vergleichsweise preiswert und bietet viele Gestaltungsmöglichkeiten. Die Folien sind in der Herstellung günstig und lassen sich leicht wieder abziehen. Zielpersonen sind nicht unbedingt die Fahrgäste, vor allem die Verkehrsteilnehmer auf der Straße sind es, die angesprochen werden.

„Schilda“ in Straßenbahnen

Zahlreiche Hinweise im Wandel der Zeit

97

In Straßenbahnen lassen sich zahlreiche Schilder mit Hinweisen auf Gebote, Verbote, Gefahren und Regeln finden. Das gilt sicher nicht nur für deutsche Straßenbahnen. Wie so vieles, haben sich auch diese Hinweise verändert.

Durch gesellschaftliche, aber auch technische Veränderungen hat mancher Hinweis an Relevanz verloren. „Es ist verboten, auf den Boden zu spucken“, „Im Innern des Triebwagens ist das Rauchen verboten“ oder „Es ist verboten, im Gang zu stehen“ sind Verbote aus der Zeit der Weimarer Republik oder des Nationalsozialismus. Den Fahrer während der Fahrt nicht anzusprechen ist oftmals schon nicht mehr möglich, da der Fahrer- vom Fahrgastraum getrennt ist. Das Fahrgeld bereit zu halten sowie Geldnoten und Fahrscheine entfaltet zu übergeben hat sich auch erübrigt. Es ist meist niemand mehr da, der etwas entgegennehmen könnte. Und Schaffner können auch keine Fahrgäste mehr mit zu großem Gepäck abweisen, es gibt sie nicht mehr. Hier sei jedoch erwähnt, dass der Straßenbahnfahrer durchaus zu solchen Maßnahmen berechtigt ist.

Die Veränderungen in der Gesellschaft

Früher wurde grundsätzlich davon ausgegangen, dass ein Mensch Rechtshänder sei. Das ist heute unzulässig. Erkennbar ist das etwa auf einem Hinweisschild in einer Wiener Straßenbahn: „Nach vorne absteigen, linke Hand an die vordere Griffstange!“.

Ein Verbot des Auf- und Absteigens während der Fahrt hat es bereits kurz nach dem Wechsel in das 20. Jahrhundert gegeben. Als zahlreiche Gesellschaften noch von Pferden gezogene Straßenbahnen einsetzten, war das jedoch gewünscht. Um die Pferde zu schonen, sollten die Straßenbahnen nicht völlig zum Stillstand kommen. Schilder wie „Vor Taschendieben wird gewarnt“ oder „Jugendliche! Bitte überlasset älteren oder gebrechlichen Personen die Sitzplätze“ schienen irgendwann nicht mehr nötig. Heute haben viele aber das Gefühl, gerade letzteres Schild wäre wieder sinnvoll. Neu hinzugekommen ist die Vielfalt der Sprachen bei Sicherheitshinweisen. Übersetzungen in sieben, acht oder gar neun Sprachen reichen nicht mehr aus. 2011 wurde dies bei den Grünen in NRW zum Thema: Man fürchtete eine Diskriminierung von Ausländern aus weiteren Sprachräumen.

Die Aufforderung könnte als Hinweis nur für Rechtshänder verstanden werden.
Bilder dieser Seite: Bildarchiv/Wiener Linien

In Wien schickte man einen „Fahrgast" mit einem Koffer auf dem Schoß auf die Reise. Darauf stand: „Ein Koffer, der gebührenfrei ist". Ob der Hinweis genügte?

Ein Hinweis mit „Ersatzkosten" wäre auch heute so manches Mal kein Schaden. Immerhin, eine Reinigung des Wagens kostete 67 Reichspfennige.

Kuriositäten mit Straßenbahnen

98

Witzig, ernst oder Wahnsinn?

Als witzig kann mit Sicherheit die Idee des Verkehrsmuseums Remise in Wien betrachtet werden. Der Werbewagen der Wiener Linien beglückt die Stadt immer wieder zu bestimmten Anlässen. In diesem Fall wird zur Eiersuche zwischen Oldtimern in der Remise eingeladen. Das macht nicht nur Kindern Freude. Die überdimensionalen Ostereier dürfen übrigens bemalt werden.

Ernst zu nehmen ist eine von der Kölner Verkehrs-Betriebe AG für die SBK Sozial-Betriebe-Köln eingerichtete Haltestelle. Diese vor dem Haus 4 des Senioren- und Behindertenzentrums in Köln-Riehl angelegte „Schein-Haltestelle“ dient als Treffpunkt für an Demenz erkrankte Menschen. An dieser außergewöhnlichen Haltestelle, die gestiftet wurde, wird jedoch nie ein Verkehrsmittel halten.

Mehr dem Wahnsinn zuzuschreiben ist der Diebstahl einer Straßenbahn in Wien. Ein zunächst Unbekannter schnappte sich eine Straßenbahn, während der Fahrer in der Pause war. Der hatte die Straßenbahn abgesperrt und staunte nicht schlecht, als seine Bim verschwunden war. Um die gestohlene Garnitur zu stoppen, stellten die Wiener Linien den Strom ab. Bei dem Täter handelte es sich um einen ehemaligen Mitarbeiter.

Eine „Ostereier-Straßenbahn“ des Verkehrsmuseums Remise in Wien. Bild: Kurt G. Rasmussen

Gans Lilli und die Bim

99

Eine Straßenbahnliebhaberin der anderen Art

Es gibt Kuriositäten im Zusammenhang mit der Straßenbahn, die möchte man zunächst nicht glauben. Oder können Sie sich ein Denkmal für eine Gans vorstellen, die von den Schaffnerinnen oder Schaffnern erst vom Gleis ihrer Straßenbahn getragen werden musste, damit eine Weiterfahrt möglich war?

Tatsächlich wurde sie zur berühmtesten Gans Wiens. Mit einer gewissen Regelmäßigkeit machte sie es sich auf den Gleisen der Straßenbahnlinie 39 im Stadtteil Sievering, einem Teil des 19. Bezirkes, gemütlich. Als am 30. August 1970 die Straßenbahnlinie 39 nach Sievering eingestellt wurde, errichtete man für die Gans „Lilli" ein Denkmal. Dieses steht als Symbol für die Gemütlichkeit und Ruhe in Sievering. Die Straßenbahnlinie wurde leider durch einen Bus der Linie 39A ersetzt.

Auch das gibt es:
Man kann froh sein, wenn es nur eine Gans ist. In Berlin sollen schon Wildschweine auf Nahrungssuche in öffentliche Verkehrsmittel eingestiegen sein. Verletzt wurde dabei aber bislang noch niemand.

Das Denkmal für die Gans, die sich in den Straßenbahnverkehr „einmischte".
Bild: Bildarchiv/Wiener Linien

Straßenbahn-Ansichten

100

Diese Postkarten sind begehrt und gesucht

Was heute eine MMS oder WhatsApp ist, war einmal eine Ansichtskarte. Wobei, nach wie vor werden diese Karten weltweit produziert, verschickt und gesammelt. Was aber ist der Grund für eine solche Karte? Die Postkarten mit dem Bilddruck auf einer Seite stellen eine illustrierte Nachricht dar. Man will dem Empfänger etwas zeigen. Das kann durchaus schon einmal eine Straßenbahn sein.

Auch und vor allem sind diese Ansichtskarten Andenken an besondere Erlebnisse. Erste „offene Karten" besaßen noch keine Illustrationen. Anfängliche Ansichtskarten entstanden aus Kupferstichen. Später wurden sie von Hand gezeichnet und koloriert. Über die Lithografie kam die Fotografie, die die Gegenstände der Begierde festhielt, um dann als Ansichtskarte versandt zu werden. Wurden Städte für Ansichtskarten fotografiert, ließ der Fotograf gerne eine Straßenbahn in das Foto fahren, belebte sie doch das Bild auf eine besondere Weise – weil sie doch auch eine Stadt auf besondere Weise belebt! Wie alt Postkarten wirklich sind, ist nicht genau bekannt. Nur, dass sie in etwa mit den Briefmarken gleichzeitig entstanden.

Die Vergangenheit im Bild festhalten

Die Frage, warum es so viele Philokarten, also Sammler von Postkarten, gibt, beantwortet sich schon fast von selbst. Sie sammeln, um etwas Vergangenes festzuhalten, die Lebendigkeit der Vergangenheit auf einem Bild. So wie etwa die Exponate in einem Museum. Nicht all diese Karten sind teuer. Sie zeigen viele Dinge, die man vielleicht schon fast vergessen hat. Oder wie war noch gleich der Streckenverlauf der Straßenbahn am Hauptbahnhof von 1950? Etwa zeitgleich mit den Straßenbahnen, insbesondere den elektrischen Straßenbahnen um 1900, kamen bereits farbige Ansichtskarten in Umlauf. Dass auf diesen Karten Straßenbahnen zu sehen waren, ist nicht verwunderlich, wollte man doch den Fortschritt dokumentieren. Das musste man natürlich den Daheimgebliebenen zeigen. Die Vermutung, dass Ansichtskarten an Bedeutung verlieren, ist falsch. Noch immer werden pro Jahr Millionen dieser Karten weltweit versandt. Übrigens: Postkarten mit Straßenbahnen sind sehr gefragt.

In den 1950er-Jahren war der Anblick einer Straßenbahn in der Königstraße in Nürnberg Normalität. Bild: Sammlung Stefan Friesenegger

„Das waren noch Zeiten …" wird so manch einer beim Anblick dieser Ansichtskarten sagen, besonders dann, wenn die Heimatstadt abgebildet ist. Bild: Sammlung Stefan Friesenegger

Karikaturen um die Straßenbahn

101

Lachen mit, aber nicht über die Tram!

Eines ist sicher: Die große Familie der Straßenbahner lacht auch mal, zuweilen richtig gerne. Vor allem dann, wenn die anderen Verkehrsteilnehmer sich ausnahmsweise anständig verhalten haben. Die Karikatur im allgemeinen zeigt die Übertreibung oder Überladung von Dingen, so auch von Straßenbahnen. Das ist auch nicht verwunderlich, passieren doch um und gerade in Straßenbahnen komische Dinge, die in überzeichneten Darstellungen regelrecht ihren Platz suchen.

Schön an Karikaturen ist, dass hier einfach nur das Bild spricht. Nur ein kleiner Hinweis deutet gewissermassen mit dem Finger auf das Wesentliche. Ob das Spießbürgertum gemeint ist, Politiker aller Couleur, Napoleon oder das britische Königshaus und vieles mehr, Karikaturisten schrecken sozusagen vor nichts zurück. Auch in der Werbung hat die Karikatur ihren festen Platz, denkt man an Loriots (Vicco von Bülows) Karikatur mit dem Titel „In der Straßenbahn". Diese Karikatur zeigt einen Mann, der in der Straßenbahn hinter einer Frau steht. Diese trägt einen Fuchspelz um den Hals. Der Fuchs aber lebt und leckt dem Herrn das Gesicht. „Nimm's leicht, nimm Scharlachberg", so der Slogan.

Straßenbahngeschichte und kein Ende

Die bildliche Form der Satire, die sich auf Sachliches bezieht, ist eher selten. Straßenbahnen sind sachlich, sie erfüllen den Zweck, Menschen zu befördern. Und genau das ist die Stelle, wo es oft komisch wird. Was mögen Straßenbahnfahrer in ihrem Berufsleben schon gesehen haben – und sich haben anhören müssen? Das könnte sicher ganze Bibliotheken füllen, würden all diese Erfahrungen zusammengetragen werden. Wahrscheinlich reicht schon ein einziger Tag dafür.

Ob das die alte Dame ist, die jeden Tag erwartet, dass „ihr" Sitz für sie frei ist, oder das Münchner Straßenbahnläuten, das aufgrund einer Computersimulation als ein heiseres Krächzen ertönte. Viel schlimmer sind sicher Streitigkeiten mit dem Straßenbahnfahrer, Respektlosigkeiten, die immer mehr zunehmen, bis hin zu massiven Beleidigungen. Eines jedenfalls ist sicher: Solange Straßenbahnen fahren, wird es Situationen geben, die sarkastisch und ironisch dargestellt werden wollen. Ob wir immer darüber lachen können, wird sich zeigen.

„Nach Opernschluss", „Maskentreiben", „Es regnet" und „Eine erregte Debatte".
Karikaturen: Rudolf Kirsten. Bild: Bildarchiv/Wiener Linien

„Die letzte Blaue". Karikatur: Rudolf Kirsten. Bild: Bildarchiv/Wiener Linien

Heute undenkbar altmodisch, damals eine technische Neuheit: die sogenannte Stech- oder Kontrolluhr. Mit ihr wurde die Durchfahrtszeit mit einer Markierung festgestellt. Um die Kontrolluhr auszutricksen, fand sich sicher der eine oder andere Trick. Heutzutage geht alles schnell und per Knopfdruck. Bild: Bildarchiv/Wiener Linien

66 Kärntnerstraße
67 Kärntner Straße
Friseur
STRAUSS-KINO

Quellenangaben

Achleitner Friedrich: ‚Österreichische Architektur im 20. Jahrhundert. Ein Führer', Residenz-Verlag

Autorenkollektiv: ‚Straßenbahn-Archiv 5, Berlin und Umgebung', transpress VEB Verlag für Verkehrswesen, Berlin

Arbeitsgemeinschaft Blickpunkt Straßenbahn e.V., ‚Straßenbahnatlas'

Arbeitsgemeinschaft Historische HE-AG-Fahrzeuge im Eisenbahnmuseum Darmstadt-Kranichstein e. V.

Archiv Stuttgarter Straßenbahnen AG

AVG Augsburger Verkehrsgesellschaft mbH, Augsburg

Bauer Gottfried/Theurer Ulrich/ Jeanmaire Claude: ‚Die Fahrzeuge der Stuttgarter Straßenbahnen', Verlag Eisenbahn, Villigen CH

Beitelsmann Michael/Kochems Michael: ‚Überland-Trams – Fahrzeuge, Strecken', Betrieb. GeraMond

Bodmer Hans: ‚Das Tram in Zürich 1928 bis 1962: Auf Schienen unter- wegs', Sutton, Erfurt

Bombardier Transportation GmbH

Carlson Stephen P./Schneider Fred W.: ‚PCC, the car that fought back', Interurban Press, Glendale, CA

Cornolò Giovanni/Severi Giuseppe: ‚Tram e tramvie a Milano 1840–1987', Azienda Trasporti Municipali, Mailand

Czeike Felix: ‚Historisches Lexikon Wien'

Daur Jürgen, Unterstützung zu den Stuttgarter Verkehrsbetrieben

Davis Mike: ‚Hong Kong Trams', DTS Publishing, 2004

Dresdner Verkehrsbetriebe AG

Dresdner Verkehrsbetriebe AG, ‚120 Jahre Straßenbahn in Dresden', Dresden

Dresdner Verkehrsbetriebe AG (DVB), ‚Von Kutschern und Kondukteuren – Die 135-jährige Geschichte der Dresdner Straßenbahn'

Freunde der Nürnberg-Fürther Straßenbahn e.V., ‚Die Nürnberg-Fürther Straßenbahn im Wandel der Zeiten', Nürnberg

Freunde des Münchner Trambahn-museums e.V.

Glatte Wolfgang: ‚Kuppeln per Knopf- druck. Die Rangierkupplung', LOK MAGAZIN No 261, 2003, GeraNova, München

Henkel AG & Co. KGaA

Herrmann Jürgen, Unterstützung zu den Dresdner Verkehrsbetrieben

Hille Horst: ‚Sammelobjekt Ansichtskarte', transpress Verlag, Berlin

Historisches Straßenbahndepot St. Peter, Nürnberg

Hofe Klaus G./Rost Monika (Hrsg.): ‚Verkehrsmittelwerbung. In: Außenwerbung', Creative Collection Verlag, Freiburg
HÜBNER GmbH & Co. KG, Kassel

Hummel Raphael, Henkenbergstr. 45, 44797 Bochum-Stiepel, www.hustra.de

Inäbnit Florian: ‚Riffelalp-Tram – Einst und jetzt', Prellbock Druck & Verlag, Leissigen

Kaiser, Wolfgang: ‚Straßenbahnen in Österreich', GeraMond Verlag, München

Kießling Friedrich/Puschmann Rainer/ Schmieder Axel/Schmidt Peter A.: ‚Fahrleitungen elektrischer Bahnen – Planung, Berechnung, Ausführung', Teubner, Stuttgart

Kirkman Richard/Zeller Peter van: ‚Isle of Man Railways', Raven Books, Ravenglass, Cumbria

Köhler Ivo: ‚Handbuch Straßenbahn', GeraMond, 2006

Köstermann/Meißner/Sladek: ‚Handbuch der Schienentechnik. Werkstoffe, Herstellung und Bearbeitung', DVS Media

Kramer Wolfgang/Jung Heinz: ‚Linienchronik der Elektrischen Straßenbahn von Berlin', Arbeitskreis Berliner Nahverkehr e. V., 1994 und 2001

Jackson Alan A.: ‚Volk's Railways Brighton – an illustrated history', Plateway Press, 1993

Lenhart Hans/Jeanmaire Claude: ‚Straßenbahn-Betriebe in Osteuropa', Verlag Eisenbahn, Villigen

LINZ AG für Energie, Telekommunikation, Verkehr und Kommunale Dienste

Lohr Hermann: ‚Fahrkarten in Deutschland', Barteld, Berga/Elster

Mackinger Gunter: ‚Die Salzburger Lokalbahn Gestern Heute Morgen', Salzburger Stadtwerke, Salzburg

Maimann Helene: ‚Mit uns zieht die neue Zeit – Arbeiterkultur in Österreich 1918-1934', Ausstellung Straßenbahn-Remise Wien

Marincig Harald: ‚Amerikaner in Wien', Wiener Stadtwerke – Verkehrsbetriebe, Wien

Marx Lothar/Bugenhagen Detlef/ Moßmann Dietmar: ‚Arbeitsverfahren für die Instandhaltung des Oberbaus', Eisenbahn-Fachverlag, Heidelberg

Mißbach Helmut K.: ‚Sächsische Überlandstraßenbahnen seit 1898', Transpress Verlag, Stuttgart

Moch Horst: ‚Deutschlands größter Straßenbahn-Güterverkehr Hannover 1899–1953', Üstra, Hannover

Münchner Verkehrsgesellschaft (MVG)

Onnich Klaus, Unterstützung zu den Münchner Verkehrsbetrieben

Pabst Martin: ‚Die Münchner Tram. Bayerns Metropole und ihre Straßenbahn', GeraMond München

Populorum Michael Alexander: ‚Straßenbahnen Europas – Die Kusttram in Belgien. Mit der längsten Strassenbahn der Welt entlang der Belgischen Küste', Schriftenreihe des Dokumentationszen- trums für Europäische Eisenbahnfor- schung (DEEF), Mercurius Eigenverlag, Salzburg

Pospischil Peter Ing.: ‚Bahn im Bild 109', Verlag Pospischil, Wien

Reimann Wolfgang R.: ‚Straßenbahn und Güterverkehr zwischen Rhein, Ruhr und Wupper', Verlag B. Neddermeyer, Berlin

Riffelalp Resort AG, Riffelalp, CH Zermatt

Salzburger Stadtwerke, ‚Die Salzburger Lokalbahn Gestern Heute Morgen', Salzburg

Schwensen Broder/Lönneker Karl Wilhelm: ‚Bewegte Jahre, die Flensburger Straßenbahnen 1855-1973', Flensburg

Siemens AG, siemens.com/presse

Stadtwerke Halle GmbH, Halle (Saale)

Stern & Hafferl Verkehrgesellschaft m.b.H.

Straßenbahn Archiv: ‚Geschichte, Technik und Betrieb', VEB Verlag für Verkehrswesen, Berlin

Straßenbahn Magazin Special, „Nr. 29: 150 Jahre Straßenbahn in Berlin", GeraMond-Verlag, München

Straßenbahn Magazin, Heft 3/2017, „PCC vor dem Aus?", GeraMond Verlag GmbH, München

Stürzebecher Horst: ‚Der Ritzenschieber', Berliner Verkehrsblätter

Stuttgarter Straßenbahnen AG (SSB)

Stuttgarter Historische Straßenbahnen e.V. (SHB)

Technische Universität Berlin, Institut Werkzeugmaschinen und Fabrikbetrieb (IWF)

Thoma Alfons: ‚Die Fahrkarte. Symbol der Überwindung von Raum und Grenzen', Hestra-Verlag, Darmstadt

Traditionsverein „Döbelner Pferdebahn e. V.", Döbeln

TÜV SÜD Rail GmbH, München

Über die Lokalbahn – Salzburger Lokal- bahn auf www.salzburg-ag.at

Unfallforschung der Versicherer

Universität Karlsruhe, ‚Transport in Europa – Intermobilität zwischen Deutschland, Frankreich und Schweiz (PDF)

VAG Nürnberg, ‚125 Jahre Nahverkehr in Nürnberg', Presse- und Öffentlichkeitsstelle der VAG, Nürnberg

Vollstedt Matthias: ‚Strassenbahn im Modell', Alba Publikation, Düsseldorf

Wasil Heinrich: ‚Münchner Tram, Eine Geschichte der Straßenbahn in München', Alba Buchverlag, Düsseldorf

Wenhardt Erna, Beratung zu den Wiener Linien

Wiener Linien GmbH & Co KG

www.bahn-bus-ch.de

www.skytran.com

1868 – 2014 Die Geschichte der Stuttgarter Straßenbahnen', Stuttgarter Straßenbahnen AG, Presse- und Öffentlichkeitsarbeit

Drei Generationen Züri-Tram am Paradeplatz. Die Sensation dabei ist das „Märlitram". Alle 25 Minuten fährt der älteste historische Triebwagen der Verkehrsbetriebe Zürich, der Be 2/2 1208, in der Adventszeit durch die Innenstadt. Bei einer etwa 20-minütigen Fahrt lesen Engel den kleinen Fahrgästen Weihnachtsgeschichten vor.
Bild: Stefan Friesenegger